高等院校应用技术型人才培养规划教材

通信工程勘察与设计

龚汉东　郑芙蓉　主　编
谢　华　何国荣　管明祥　副主编

中国铁道出版社有限公司
CHINA RAILWAY PUBLISHING HOUSE CO., LTD.

内 容 简 介

本书采用工作过程系统化的方法介绍了通信工程勘察与设计的基本方法、技术要点及注意事项。全书共分 5 章，内容包括通信网概述及通信工程制图基本规范、通信机房的现场勘察、通信机房的设计、通信线路的现场勘察、通信线路的设计。另外，书中还介绍了通信工程图纸的图例，方便读者以及从事通信工程图纸绘制的工程人员查阅。

本书适合作为高等院校通信技术专业及相关专业的教材，也可作为通信工程勘察与设计人员的参考用书。

图书在版编目（CIP）数据

通信工程勘察与设计/龚汉东，郑芙蓉主编.—北京：
中国铁道出版社，2019.1（2020.7 重印）
高等院校应用技术型人才培养规划教材
ISBN 978-7-113-22608-4

Ⅰ.①通… Ⅱ.①龚… ②郑… Ⅲ.①通信工程-工程
设计-高等学校-教材 Ⅳ.①TN91

中国版本图书馆 CIP 数据核字(2018)第 254639 号

书　　　名：通信工程勘察与设计	
作　　　者：龚汉东　郑芙蓉	

策　　　划：王春霞	读者热线：(010)63551006
责任编辑：王春霞　彭立辉	
封面设计：付　巍	
封面制作：刘　颖	
责任校对：张玉华	
责任印制：樊启鹏	

出版发行：中国铁道出版社有限公司（100054，北京市西城区右安门西街 8 号）
网　　址：http://www.tdpress.com/51eds/
印　　刷：北京铭成印刷有限公司
版　　次：2019 年 1 月第 1 版　2020 年 7 月第 2 次印刷
开　　本：787 mm×1 092 mm　1/16　印张：11.25　字数：269 千
书　　号：ISBN 978-7-113-22608-4
定　　价：32.00 元

本书根据高等教育的发展需要，结合高等院校人才培养方案、课程体系和课程标准等相关改革，集合多位通信工程教师多年教学改革实践，并参照相关国家职业技能标准和行业技能鉴定规范编写而成。

本书在编写过程中与企业密切合作，从职业能力分析入手，以典型通信工程勘察图纸与工程设计图纸的阅读和绘制为主线，基于工作过程系统化的原则构建课程体系；通过通信工程制图基本规范、通信机房的现场勘察、通信机房的设计、通信线路的现场勘察、通信线路的设计等通信工程涉及的相关典型项目，由简单到复杂地组织教学内容。内容的设计遵从学生的认识规律和职业成长规律，从简单到复杂，从单一知识要素掌握、技能训练到综合技能训练，将学生职业素养的培养贯穿始终。全书所选的题例和图例力求源于工程实际项目，并使其具有典型性、针对性和实用性，以加强教材内容的工程背景。

本书的编写着重突出以下特点：

● 注重职业能力的培养，将课程内容的学习融于具体实际工程项目中。

● 采用最新的《通信工程制图与图形符号规定》《通信建筑工程设计规范》《通信线路工程设计规范》等国家标准。

● 采用了大量的实际工程项目报告、表格与图纸，力求将各种工程规范与标准的内容与实际工程项目相结合，使学习者能够对相关规范与标准中的条文形成具体的感性认识，从而更好地掌握与应用通信工程相关规范与标准。

● 在工程图纸绘制技能的培养上，强调计算机和徒手绘图训练，旨在培养学生绘制和阅读工程图样的能力。其中，AutoCAD 作为一种辅助计算机绘图手段已融入本书的各个章节，期望能加强学生各种规范与标准的应用能力，以及利用计算机绘制工程图纸的能力。

● 注重知识的系统性、表达的规范性和准确性，使学习者能够目标明确、带着问题进行更有针对性的高效率的学习。

本书由龚汉东、郑芙蓉任主编并统稿，谢华、何国荣、管明祥任副主编。其中，郑芙蓉编写了通信工程制图相关内容，谢华编写了通信网概述部分，何国荣编写了机房现场勘察部分，管明祥编写了通信线路设计部分，龚汉东编写了机房设计、线路勘察等部分。本书在编写过程中得到深圳市菲明格科技有限公司的张丰、李化伟的悉心指导，以及深圳联通、中兴通讯、深圳电信等单位的大力支持和帮助。在此，衷心感谢所有为本书的顺利出版付出辛勤劳动的老师、专家、企业和朋友。

由于时间仓促，编者水平有限，书中难免存在疏漏与不妥之处，敬请专家、同仁和广大读者不吝赐教，在此深表谢意。

编 者

2018 年 10 月

目 录

第①章

➡ 通信网概述及通信工程制图基本规范

通信工程的勘察与设计，需要学生具有一定通信网络基础知识。将通信网络的基础知识与具体的实际通信网络线路结合起来，能够更好地做好通信工程的勘察与设计工作。工程图纸是工程勘察与设计工程师表达勘察结果和设计意图、组织和指导工程建设、技术交流和信息传递的重要技术文件。因此，在绘制通信工程图纸时，必须遵守国家、行业的制图标准与规范。

 学习目标

通过本章的学习，学生将：

- 掌握关于通信网络的基本知识。
- 了解通信工程制图相关规范。
- 能够初步阅读简单的通信工程图纸。

1.1 通信网概述

1.1.1 通信网概念

通信是人们在日常生活工作中互相传递信息的过程。在当今的信息社会中，人们对通信的需求更是与日俱增。为达到通信的目的，必须建造一个信息传递网，来满足整个社会的通信需求，这个网络就是通信网。通信网是一种使用交换设备、传输设备，将地理上分散的用户终端设备互连起来实现通信和信息交换的系统。

通信网的种类很多，不同的通信网为各种用户提供不同的通信服务。按照网络提供的通信业务可分为单媒体网络、多媒体网络、实时通信网络、非实时通信网络、单向网络、交互式网络等；按网络覆盖的地域范围可分为局域网、城域网、广域网等；按网络数据的传输介质可分为有线网、无线网；按网络的结构可分为业务网、支撑网、传送网、用户驻地网、接入网、核心网等。

固定电话通信网是一个典型的通信网，早期的电话通信网主要传输话音业务，也可传送传真、中速数据等非话业务。现在，使用电话通信网不但可以为人们提供语音传输服务，还可以提供互联网的连接、可视电话的传输等诸多服务，电话通信网以其网络结构简单、分布范围广的优势，不断向社会提供越来越多的崭新的通信服务。

以传递数据为目的的数据通信从其设计、建造和使用等方面，都充分考虑了数据传输的特点，为计算机之间的数据传输提供了一种高效、快速的通信方法，成为继电话通信网后又一个迅速发展起来的通信网。数据网包括分组交换网、帧中继网、数字数据网等，它们从不同的层面向各种计算机用户提供全方位的通信服务。

发展最快的通信网应属移动通信网。移动通信就是用户使用可移动的手持通信设备（如手机），通过特定的无线电波完成各种信息的传递任务。其特点是冲破了传统固定电话对使用地点的限制，可在移动通信网内任何地点实现有效的信息传输，使人们之间的信息沟通更方便快捷，使人类的通信水平有了很大的进步。

现代社会的发展促进了通信网的发展，对通信网提出了更新、更高的要求。为了满足社会需求，在通信网中不断融合新技术、新材料、新理念，使通信网为社会提供更加可靠、方便快捷、个性化的全方位服务，成为整个社会的信息传输高速公路。

1.1.2　通信网的组成

通信网络作为用户间传递信息的通路由各种用户终端设备、各种传输设备、各种交换设备组成，如图 1-1 所示。

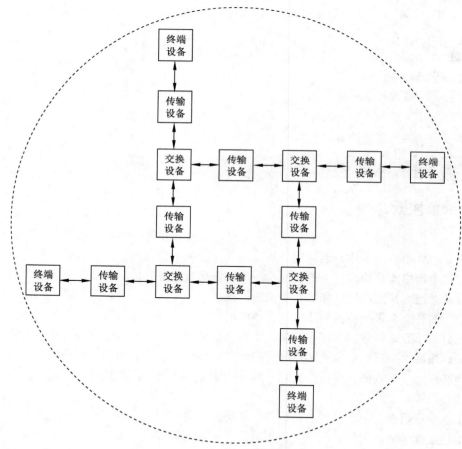

图 1-1　通信网的组成

1.　终端设备

终端设备是用户与通信网的桥梁。用户通过终端设备才能接入通信网，使用通信网传递信息。终端设备在通信网中可以是信息发出者，也可以是信息接收者。除了完成传输信息的形成/还原任务外，终端设备还需要完成与传输设备的接口任务，以使传输的信息正确输入/输出到传输设备中。常用的终端设备有移动电话、固定电话机、传真机、各种计算机终端、各种手持终端等。

2. 传输设备

传输设备用于完成信息传送任务。把发送端（发送终端设备、交换设备）发出的待传送信息通过传输信道传送到接收端（接收终端设备、交换设备）。传输设备根据传输介质的不同有光纤传输设备、卫星（微波）传输设备、无线传输设备、缆线（同轴电缆与双绞线）传输设备等。在交换设备之间的干线传输设备中，以光纤传输设备为主，其他传输设备为辅；而在终端设备与交换设备之间的传输设备中，以光纤传输设备、缆线传输设备、无线传输设备为主，其他传输设备为辅。

3. 交换设备

交换设备用于解决信息传输的传输方向问题。根据信息发送端要求，把信息从发送端传递到接收端而选择正确的、合理的、高效的设备。为了保证信息传输的质量，交换设备之间必须具有统一的传输规程（传输协议），它规定了传输线路的连接方式（面向连接与面向非连接）、收发双方的同步方式（异步传输与同步传输）、传输设备工作方式（单工、半双工与双工）、传输过程的差错控制方式（端到端方式与点到点方式）、流量的控制形式（硬件流控与软件流控）等。常用的交换设备是各种类型的交换机，如电话交换机、X.25 交换机、以太网交换机、帧中继交换机、ATM 交换机等。

1.1.3　通信网网络模型

从网络角度看，通信网络由一定数量的节点和连接节点的传输链路相互有机地组合在一起，从而实现两个或多个规定点间信息传输的通信系统。

在图 1-2 所示的通信网网络模型中，信息从 A 点发出，经过节点 1、3、5 以及连接节点的链路 L 传送到 B 点。网络节点是信息的汇聚点和发散点，它在网络中起核心作用。网络节点可对流经节点的各种信息流的流向、流速进行直接控制，以保证网络的信息传输正常、高效运行。其作用对应于通信网结构中的交换设备。网络链路则提供网络节点之间、网络节点与用户之间的连接通路。

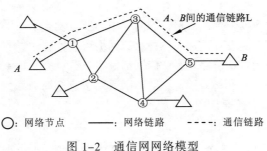

图 1-2　通信网网络模型

1.1.4　通信网网络拓扑结构

常用的通信网网络拓扑结构有网形、环形、星形、总线形、树形和混合结构等。

1. 网形结构

网中任何两个节点之间都有直达链路相连接，如图 1-3 所示。其特点是各节点间有高速、稳定的直达链路，信息流量可以很大，以满足节点间大量信息传输的要求；当节点间的直达链路发生故障时，只须通过某个相邻的节点就可构成迂回链路，大大提高了节点间的传输可靠性；但是，随着网中节点数的增多，直达链路数会成倍增加[若网中有 N 个节点，则需要 $N(N-1)/2$ 个传输链路]，建网成本较高。因此，网形结构适用于传输流量较大、网络节点较少的骨干传输网的建造，如各大交换局之间的通信网络。

2. 环形结构

环形结构在 LAN 中使用较多。这种结构中的传输媒体从一个端用户到另一个端用户，直到将所有的端用户连成环形，如图 1-4 所示。数据在环路中沿着一个方向在各个节点间传输，信息从一个节点传到另一个节点。

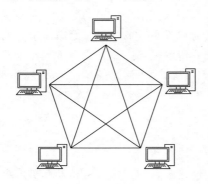

图 1-3　网形结构

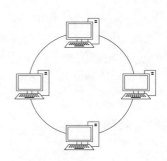

图 1-4　环形结构

3. 星形结构

网中有一个中心节点，其他节点都与中心节点相连，构成一个辐射形状，因此又称为辐射网，如图 1-5 所示。在星形网中，各节点之间要传输信息必须通过中心节点才能实现。这种网络结构的特点是网中链路数量较少[若网中有 N 个节点，则需要 $(N-1)$ 个传输链路]，建网投资少；但是，若网中中心节点发生故障，则各节点之间都无法通信，造成全网瘫痪，网络可靠性较低；此外，由于节点之间无直达链路，信息传输都靠中心节点完成，无法实现节点间大量信息传输。因此，星形网适用于建造局部、小范围、信息流量不大的通信网。

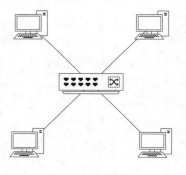

图 1-5　星形结构

4. 总线形结构

总线形结构是将网络中的各个节点设备用一根总线（如同轴电缆等）连接起来，每个节点上的网络接口板硬件均具有收、发功能，如图 1-6 所示。总线形结构的数据传输是广播式传输结构，数据发送给网络上所有节点，只有节点地址与信号中的目的地址相匹配的节点才能接收到信息。

5. 树形结构

树形结构（见图 1-7）是一种分层的集中控制式网络，节点按层次连接。信息交换主要在上下节点之间进行，相邻节点或同层节点之间一般不进行数据交换。与星形相比，它的通信线路总长度短，成本较低，节点易于扩充，寻找路径比较方便。但除了叶节点及其相连的线路外，任一节点或其相连的线路故障都会使系统受到影响。

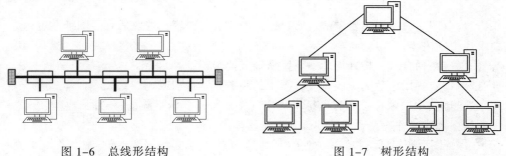

图 1-6　总线形结构　　　　　　　　　图 1-7　树形结构

6. 混合结构

在实际应用中，结合基本拓扑结构各自的特点，常采用两种或两种以上的结构建造实用通信网，如图 1-8 所示。在混合结构中，在局部信息传输量小的地区采用星形结构；而在主干传输部分则采用网形结构。

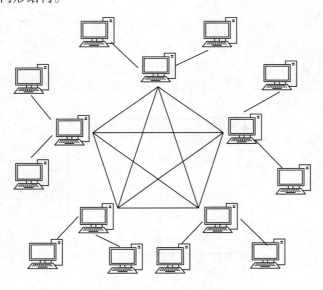

图 1-8　混合结构

习　题

结合本节内容以及前序课程的内容，对学校、课室、实训室或者宿舍的网络进行分析，并画出网络的拓扑结构。

1.2　通信工程制图基本规范

1.2.1　通信工程制图的总体要求

① 工程制图应根据表述对象的性质、论述的目的与内容，选取适宜的图纸及表达方式，完整地表述主题内容。

② 图面应布局合理，排列均匀，轮廓清晰且便于识别。

③ 图纸中应选用合适的图线宽度，图中的线条不宜过粗或过细。

④ 应正确使用国家标准和行业标准规定的图形符号。派生新的符号时，应符合国家标准符号的派生规律，并应在合适的地方加以说明。

⑤ 在保证图面布局紧凑和使用方便的前提下，应选择合适的图纸幅面，使原图大小适中。

⑥ 应准确地按规定标注各种必要的技术数据和注释，并按规定进行书写或打印。

⑦ 工程图纸应按规定设置图衔，并按规定的责任范围签字。各种图纸应按规定顺序编号。

1.2.2　图纸的幅面和格式

1. 图纸幅面

工程图纸幅面和画框大小应符合国家标准 GB/T 6988.1—2008《电气技术用文件的编制 第 1 部分：规则》的规定，应采用基本幅面 A0、A1、A2、A3、A4，其规格形式如图 1-9 所示，必要时允许选用 A3、A4 加长的图纸幅面。当上述幅面不能满足要求时，可按照 GB/T 14689—2008《技术制图　图纸幅面和格式》的规定加大幅面，也可在不影响整体视图效果的情况下分割成若干张图绘制。

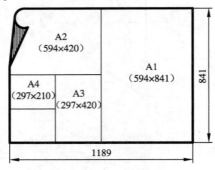

图 1-9　图纸幅面

当需要较长图纸时，应采用表 1-1 所规定的幅面。

表 1-1　较长图纸幅面表

代　号	尺寸/mm
A3 × 3	420 × 891
A3 × 4	420 × 1189
A4 × 3	297 × 630
A4 × 4	297 × 841
A4 × 5	297 × 1051

2. 图框格式

图框是图样绘制的有效区域，在图纸上画工程图样之前，必须用粗实线先画出图框。不需要装订的图样，其图框格式如图 1-10 所示，尺寸 e 按表 1-2 的规定选取。

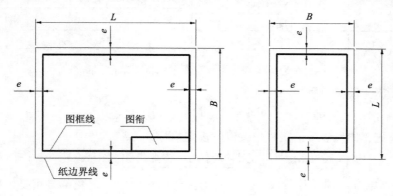

图 1-10　不需要装订边的图框格式

需要装订的图样，其图框格式如图 1-11 所示，尺寸 a、c 按表 1-2 的规定选取。

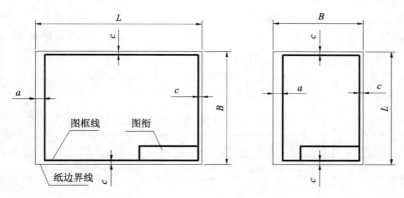

图 1-11　需要装订边的图框格式

表 1-2　图框格式标准（单位：mm）

幅面代号	A0	A1	A2	A3	A4
$B \times L$	841×1 189	594×841	420×594	297×420	210×297
a	25				
c	10			5	
e	20			10	

3. 图衔

通信工程图纸应有图衔，图衔的位置应在图面的右下角。图衔包括图纸名称、图纸编号、单位名称、单位主管、部门主管、总负责人、单项负责人、设计人、审核人、校核人、制图日期等内容。通信工程常用标准图衔示例如图 1-12 所示。

单位主管		审核		(单位名称)	
部门主管		校核		(图名)	
总负责人		制(描)图			
单项负责人		单位、比例			
设计人		日期		图号	

图 1-12　通信工程常用标准图衔示例（单位：mm）

4. 设计及施工图纸编号

设计及施工图纸编号的编排应尽量简洁，应符合以下要求：

① 设计及施工图纸编号的组成应按以下规定执行：

工程项目编号 — 设计阶段代号 — 专业代号 — 图纸编号

同工程项目编号、同设计阶段、同专业而多册出版时，为避免编号重复可按以下规则执行：

工程项目编号（A）— 设计阶段代号 — 专业代号（B）— 图纸编号

A、B 为字母或数字，区分不同册编号

同一图号的系列图纸用括号内加分数表示。例如，若同一图号的系列图纸为 10 张，则各张图纸的序号应为 1/10,2/10,3/10,…,10/10。

② 应由工程建设方或设计单位根据工程建设方的任务委托统一给定。

③ 设计阶段代号应符合表 1-3 的要求。

表 1-3　设计阶段代号表

项目阶段	代　号	工程阶段	代　号	工程阶段	代　号
可行性研究	K	初步设计	C	技术设计	J
规划计划	G	方案设计	F	设计投标书	T
勘查报告	KC	初设阶段的技术规范书	GJ		
咨询	ZX	施工图设计——阶段设计	S	修改设计	在原代号后加 X
			Y		
		竣工图	JG		

④ 常用专业代号，应符合表 1-4 的要求。

表 1-4　常用专业代号表

名　称	代　号	名　称	代　号
光缆线路	GL	电缆线路	DL
海底光缆	HGL	通信管道	GD
传输系统	CS	移动通信	YD
无线接入	WJ	核心网	HX
数据通信	SJ	业务支撑系统	YZ
网管系统	WG	微波通信	WB

名 称	代 号	名 称	代 号
卫星通信	WD	铁塔	TT
同步网	TB	信令网	XL
通信电源	DY	监控	JK
有线接入	YJ	业务网	YW

注：① 用于大型工程中分省、分业务区编制时的区分标识，可采用数字1、2、3或拼音字母的字头等。

② 用于区分同一单项工程中不同的设计分册（如不同的站册），宜采用数字（分册号）、站名拼音字头或相应汉字表示。

图纸编号为：工程项目编号、设计阶段代号、专业代号相同的图纸间的区分号，应采用阿拉伯数字简单顺序编制（同一图号的系列图纸用括号内加分数表示）。

1.2.3 比例

比例是指图中图形与实际物体相应要素的线性尺寸之比。

① 原值比例：比值为1的比例，即1:1。

② 放大比例：比值大于1的比例，如2:1等。

③ 缩小比例：比值小于1的比例，如1:2等。

无论采用何种比例，图中标注的尺寸数值都是所表达对象的真实大小，与图形比例无关，如图1-13所示。

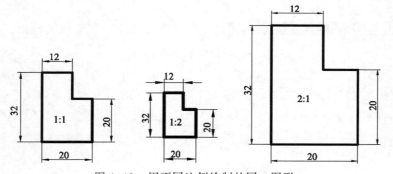

图1-13　用不同比例绘制的同一图形

对于平面布置图、管道及光（电）缆线路图、设备加固图及零件加工图等图纸，应按比例绘制；方案示意图、系统图、原理图、图形图例等可不按比例绘制，但应按工作顺序、线路走向、信息流向排列。

对于平面布置图、管道及线路图和区域规划性质的图纸，宜采用以下比例：1:10、1:20、1:50、1:100、1:200、1:500、1:1 000、1:2 000、1:5 000、1:10 000、1:50 000等。

对于设备加固图及零部件加工图等图纸宜采用的比例为2:1、1:1、1:2、1:4、1:10等。

应根据图纸表达的内容深度和选用的图幅，选择适合的比例。对于通信线路及管道类的图纸，为了更方便地表达周围环境情况，可采用沿线路方向按一种比例；而周围环境的横向距离宜采用另外的比例或示意性绘制。

第1章　通信网概述及通信工程制图基本规范

1.2.4 字体

工程图样中的文字（包括汉字、字母、数字、代号等）均应字体工整、笔画清晰、排列整齐、间隔均匀有度。其书写位置应根据图面妥善安排，文字多时宜放在图的下面或右侧。文字书写应自左向右水平方向书写，标点符号占一个汉字的位置。字体的大小以字体的号数表示，字体的号数就是字体的高度（用 h 表示），字体高度的公称尺寸系列为 1.8 mm、2.5 mm、3.5 mm、5 mm、7 mm、10 mm、14 mm、20 mm 共 8 种。

1. 汉字

书写中文时，应采用国家正式颁布的汉字，字体宜采用宋体或仿宋体。汉字的号数应不小于 3.5 号，其宽度和高度比例为的 2/3。图 1-14 所示为长仿宋汉字示例。

> 10号字
> **字体工整 笔画清楚 间隔均匀 排列整齐**
> 7号字
> 横平竖直 注意起落 结构均匀 填满方格
> 5号字
> 字体工整 笔画清楚 间隔均匀 排列整齐
> 3.5号字
> 横平竖直 注意起落 结构均匀 填满方格

图 1-14　长仿宋体汉字示例

工程图纸中关于"技术要求""说明""注"等内容应尽量布置在图纸的右上方，需要时可布置在图衔的左边。而"技术要求""说明""注"等字样，宜写在具体文字的左上方，并使用比文字内容大一号的字体书写。具体内容多于一项时，应按下列顺序号排列：

1、2、3…
（1）、（2）、（3）…
①、②、③…

2. 字母和数字

图中涉及数量的数字，均应用阿拉伯数字表示。计量单位应使用国家颁布的法定计量单位。

字母和数字分为 A 型和 B 型两种，A 型字体的笔画宽度（d）为字体高度的 1/14，B 型字体的笔画宽度（d）为字体高度的 1/10，绘图时一般用 B 型字体，一张图样中只允许选用一种形式的字体。

字母和数字可写成斜体或直体。斜体字体向右倾斜与水平基准线约成 75°，如图 1-15 所示。

（a）大写拉丁字母　　　　　　　　　　（b）小写拉丁字母

图 1-15　字母和数字示例

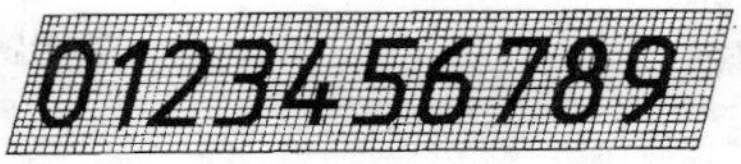

$$0123456789$$

（c）阿拉伯数字

图 1-15　字母和数字示例（续）

1.2.5　图线

线型分类及用途应符合表 1-5 所示的规定。

表 1-5　线型分类及用途表

图线名称	图线形式	一　般　用　途
实线	——————	基本线条：图纸主要内容用线、可见轮廓线
虚线	- - - - - - - - - -	辅助线条：屏蔽线、机器连接线、不可见轮廓线、设计扩展内容用线
点画线	— · — · — · —	图框线：表示分界线、结构图框线、功能图框线、分级图框线
双点画线	— · · — · · —	辅助图框线：表示更多的功能组合或从某种图框中区分不属于它的功能部件

图线宽度种类不宜过多，通常宜选用两种宽度的图线。粗线的宽度宜为细线宽度的两倍，主要图线采用粗线，次要图线采用细线。对复杂的图纸也可采用粗、中、细 3 种线宽，线的宽度按 2 的倍数依次递增。图线宽度应从以下系列中选用：0.25 mm、0.35 mm、0.5 mm、0.7 mm、1.0 mm、1.4 mm。

使用图线绘图时，图形的比例和所选线宽要协调恰当，重点突出，主次分明。在同一张图纸上，按不同比例绘制的图样及同类图形的图线粗细应保持一致。

应使用细实线作为最常用的线条。在以细实线为主的图纸上，粗实线应主要用于图纸的图框及需要突出的部分。指引线、尺寸标注线应使用细实线。

当需要区分新安装的设备时，宜用粗线表示新建，细线表示原有设施，虚线表示规划预留部分，原机架内扩容部分宜用粗线表达。

平行线之间的最小间距不宜小于粗线宽度的两倍，且不得小于 0.7 mm。

1.2.6　尺寸

1. 基本规定

① 图样上所标注尺寸为真实大小。

② 尺寸数字的单位除标高、总平面和管线长度应以米（m）为单位外，其他尺寸均应以毫米（mm）为单位。按此原则标注尺寸可为不加单位的文字符号。若采用其他单位，应在尺寸数字后加注计量单位的文字符号。在同一张图纸中，不宜采用两种计量单位混用。

③ 每一个尺寸在图中一般只标注一次。

④ 标注尺寸时，应尽可能使用符号或缩写词。一些常用的符号和缩写词如表 1-6 所示。

表 1-6　常用尺寸符号

含　义	符号或缩写词	含　义	符号或缩写词
直径	ϕ	斜度	∠
半径	R	锥度	▷

续表

含　义	符号或缩写词	含　义	符号或缩写词
球	*S*	沉孔或锪平	⌴
正方形	□	埋头孔	⌵
厚度	*t*	深度	↧
均布	*EQS*	45°倒角	*C*

⑤ 有关建筑尺寸标注，可按 GB/T 50104—2010《建筑制图标准》的要求执行。

2. **尺寸的组成**

一个完整的尺寸应该包括尺寸数字、尺寸界线、尺寸线和表示尺寸线终端的箭头或斜线，如图 1–16 所示。

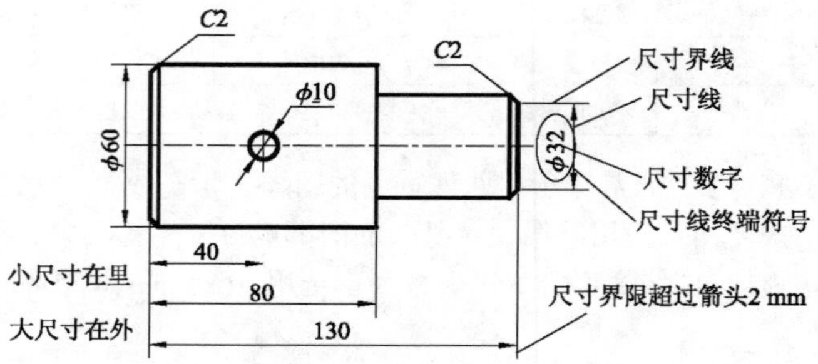

图 1–16　尺寸的组成及标注示例

（1）尺寸数字

尺寸数字应按如图 1–17 所示方向书写。尺寸数字应顺着尺寸线方向书写并符合视图方向，数字的标注方向与尺寸线垂直，并不得被任何图线通过。当无法避免时，应将图线断开，在断开处填写数字。对有角度非水平方向的图线，其数字可顺尺寸线标注在尺寸线的中断处，数字的标注方向与尺寸线垂直，且字头朝向斜上方。对垂直水平方向的图线，其数字可顺尺寸线标注在尺寸线的中断处，数字的标注方向与尺寸线垂直，且字头朝向左。

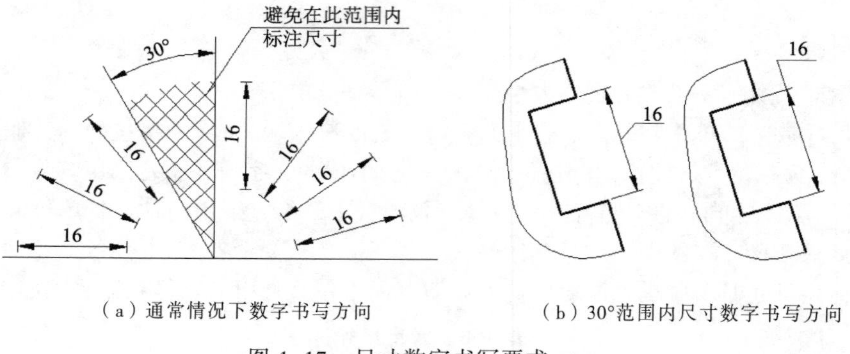

（a）通常情况下数字书写方向　　（b）30°范围内尺寸数字书写方向

图 1–17　尺寸数字书写要求

（2）尺寸线及其终端形式

尺寸线用细实线绘制，必须单独画出，不能与图线重合或在其延长线上。

尺寸线终端有两种形式：箭头和斜线，如图 1-18 所示。斜线用细实线绘制，图中 d 为粗实线宽度，h 为字体高度。同一张图中应采用一种尺寸线终端形式，不得混用。

采用箭头形式时，两端应画出尺寸箭头，指到尺寸界线上，表示尺寸的起止。尺寸箭头宜用实心箭头，箭头的大小应按可见轮廓线选定，且其大小在图中应保持一致。

采用斜线形式时，尺寸线与尺寸界线应相互垂直。斜线应用细实线，且方向及长短应保持一致。斜线方向应采用以尺寸线为准，逆时针方向旋转 45°，斜线长短约等于尺寸数字的高度。

（a）箭头 　　　　　　　　　（b）斜线

图 1-18　尺寸终端的两种形式

（3）尺寸界线

尺寸界线用细实线绘制，并应由图形的轮廓线、轴线或对称中心线处引出。也可利用轮廓线、轴线或对称中心线作尺寸界线。尺寸界线一般应与尺寸线垂直，并超出尺寸线终端 2 mm 左右。

习　题

结合本节内容，阅读与分析如图 1-19 所示的通信工程图示例。

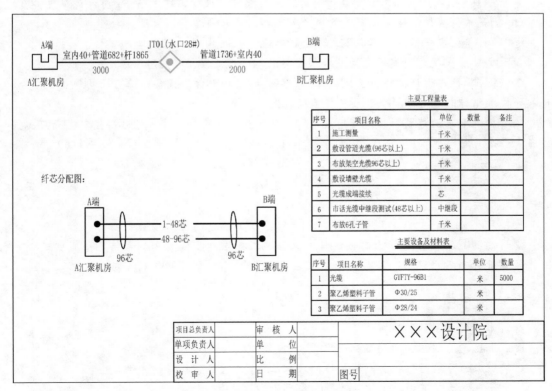

图 1-19　通信工程图示例

➡ 通信机房的现场勘察与绘图基础

《建设工程质量管理条例》规定，建设工程是指土木工程、建筑工程、线路管道和设备安装工程及装修工程。通信工程的建设也属于条例规定的建设工程。在《建设工程质量管理条例》中，明确提出了勘察、设计单位的质量责任和义务：

① 从事建设工程勘察、设计的单位应当依法取得相应等级的资质证书，并在其资质等级许可的范围内承揽工程。

禁止勘察、设计单位超越其资质等级许可的范围或者以其他勘察、设计单位的名义承揽工程。禁止勘察、设计单位允许其他单位或者个人以本单位的名义承揽工程。

勘察、设计单位不得转包或者违法分包所承揽的工程。

② 勘察、设计单位必须按照工程建设强制性标准进行勘察、设计，并对其勘察、设计的质量负责。

注册建筑师、注册结构工程师等注册执业人员应当在设计文件上签字，对设计文件负责。

③ 勘察单位提供的地质、测量、水文等勘察成果必须真实、准确。

④ 设计单位应当根据勘察成果文件进行建设工程设计。

设计文件应当符合国家规定的设计深度要求，注明工程合理使用年限。

⑤ 设计单位在设计文件中选用的建筑材料、建筑构配件和设备，应当注明规格、型号、性能等技术指标，其质量要求必须符合国家规定的标准。

除有特殊要求的建筑材料、专用设备、工艺生产线等外，设计单位不得指定生产厂、供应商。

⑥ 设计单位应当就审查合格的施工图设计文件向施工单位做出详细说明。

⑦ 设计单位应当参与建设工程质量事故分析，并对因设计造成的质量事故，提出相应的技术处理方案。

由此可见，通信机房的现场勘察，在通信建设工程中的地位至关重要。一份准确、详尽、价值高的勘察报告，能为工程设计、工程施工提供重要数据和参考信息，减少工程中工作的盲目性和各个环节的浪费，降低工程成本，提高效率，保证工程质量。

学习目标

通过本章的学习，学生将：

- 基本熟悉通信机房的勘察流程。
- 能够做好开展通信机房勘察工作的准备工作，掌握通信机房内的设备（含机架/机柜）、走线架和走线路由、电源系统等对象的勘察方法。
- 能完成勘察报告的撰写。

2.1.1　通信机房

　　通信机房是指各主导电信业务经营者的长途电信枢纽楼、电信综合楼、本地电信楼、卫星通信地球站、海缆登陆站、移动通信基站、远端接入局（站）、光缆中继站、微波中继站、国际局、互联网数据中心用房、客服呼叫中心等电信专用房屋中安装有通信设备的场所。图 2-1 所示为某电信公司机房设备布置平面图。

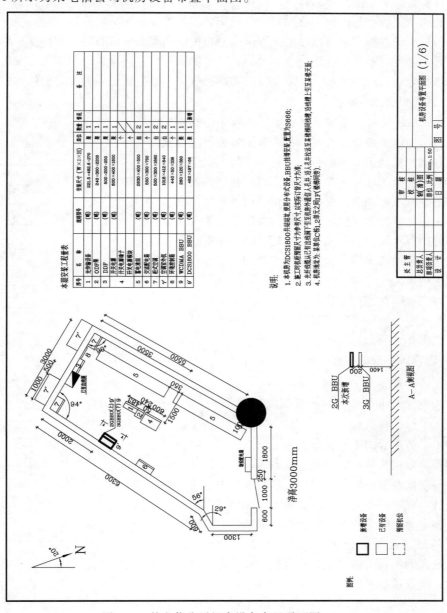

图 2-1　某电信公司机房设备布置平面图

2.1.2 通信机房勘察流程

一般通信工程包括如下几个阶段：

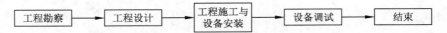

由此可见，工程勘察是通信建设工程中一个十分重要的环节，工程勘察所获取的资料是通信工程设计的重要基础资料，勘察数据是否全面、详细和准确对设计方案的比选、设计深度、设计质量起到至关重要的作用。因此，为了保障通信建设工程的顺利进行，一般要对即将开展的通信工程项目进行工程勘察，以确保后续的工程建设顺利进行。

通信机房的勘察通常是由勘察工程师按照相关的勘察要求或者规定的勘察手册，对机房的环境进行勘察，对机房通信设备、动力设备、防雷设备、环境保障设备（空调）等设备的安放、连接等信息进行采集，并形成完整勘察报告。勘察报告是工程设计的依据。

1. 通信机房勘察流程

一个通信机房勘察流程举例如图 2-2 所示。首先根据所签订的通信工程建设合同，由项目主管或经理编制勘察任务书，然后主管部门负责人根据部门人员情况，安排勘察工程师的勘察任务。勘察工程师在接到勘察任务后，要进行工程勘察前的准备工作，同时根据勘察任务制订工程勘察计划，然后再依据勘察作业手册开展工程现场的勘察工作。现场勘察完毕后，要制作勘察图、勘察记录表等勘察文档。最终输出工程勘察报告作为勘察工作的结果。

勘察工程师在进行现场勘察时，还应该根据实际情况，按所规定的流程进行勘察工作。现场勘察的勘察流程举例如图 2-3 所示。

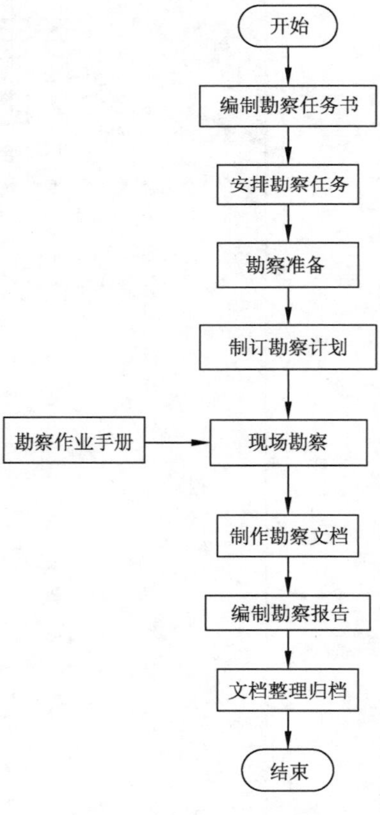

2. 勘察前的准备工作

勘察前的准备主要包括：掌握工程信息、制订勘察计划、勘察工具准备等内容，具体如下：

（1）了解工程信息

为了了解准确的工程信息，需要通过会面、电话、电子邮件等方式，从建设单位、设备厂家、前期方案编制单位等获取必要的资料，包括：项目计划书、可行性研究报告、建设任务书、设计合同、委托书以及设备合同等资料。为了确保所获取的资料是最新的有效版本，应直接通过建设单位获取资料或者得到建设单位的确认。通过查阅所获得的建设方案资料，整理出建设方案的具体情况，包括建设方案概况、涉及技术、设备的需求等总体情况。

图 2-2 机房勘察流程举例

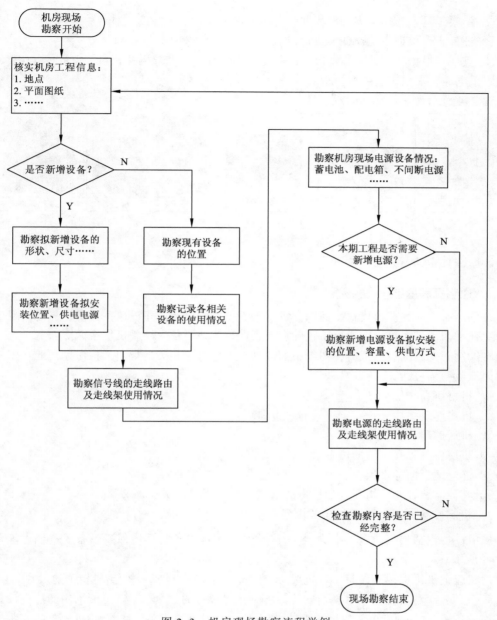

图 2-3　机房现场勘察流程举例

（2）制订勘察计划

根据建设项目情况，与建设单位联系，沟通协商具体勘察时间安排，落实建设单位具体接口人。按勘察单位所规定的勘察模版编制勘察计划，并发送勘察计划给建设单位进行确认。到达机房前，需要联系好建设单位，明确本次勘察所涉及的机房和具体的勘察内容等。

（3）准备勘察工具与装备

勘察前要准备：

① 文件：勘察任务书、勘察表、机房平面图等。

② 勘察工具：卷尺、皮尺、指北针、激光测距仪标签、绘图文具等。

③ 证件：身份证、工作证、机房出入证等。

④ 其他：根据项目的实际情况，配备笔记本式计算机、数码照相机、望远镜、GPS、角度仪、手电筒、安全帽、警戒标识等装备。

图 2-4 所示为一些常见勘察工具。

| 卷尺 | 皮卷尺 | 数码照相机 | 铅笔、白纸、橡皮 | 激光测距仪 |

图 2-4　部分勘察工具

2.1.3　通信机房勘察内容

1. 通信机房基础环境的勘察

在勘察时，应先获得机房平面图。机房平面图通常已经由建设单位提供，但需到现场核实及更新平面图。也可以由勘察工程师在现场经过实地测量后绘制机房平面图。

在绘制正式的勘察图纸时，图纸中的各种符号应符合相关的规定。机房勘察的草图或正式的图纸应明确表达：

① 机房所在楼层。

② 机房建筑结构：长、宽、层高、方向等。

③ 机房的门、窗位置。

④ 机房内各种孔、洞的位置。

⑤ 静电地板的铺设情况。

⑥ 其他需要说明的情况，如机房的承重、防火要求、防水要求等。

2. 机房设备（含机架/机柜）的勘察

机房设备包括通信设备、动力设备（电源）、防雷设备、环境保障设备（空调）等，如图 2-5 所示。

勘察应记录机房现有设备（含机架/机柜）的位置以及设备（机架/机柜）的尺寸（$L \times W \times H$)，应预先了解本工程项目新增安装的各种机房设备的数量，了解可能采用的厂商设备以及各种设备（含机架/机柜）的尺寸（$L \times W \times H$)，以及新增设备（含机架/机柜）的安装位置与安装方式。勘察工程师要与建设单位负责人在现场确认新增设备的安装位置与安装方式。

机房设备的勘察图纸（草图和正式图纸）应明确：

① 机房设备：用不同的颜色、粗细和线型的线条表示原有设备（如细实线）、新增设备（如粗实线）、预增设备（如虚线）。

② 明示设备的正面。

③ 设备或机架/机柜上（如 ODF）的端子使用情况。

④ 其他需要说明的情况，如机架或机柜需要安装通信设备的数量，设备位置标注尺寸的参考点等。

3. 走线架与走线路由的勘察

通常机房的走线（信号线与电力线）包括上走线（见图 2-6）与下走线两种方式。在进行走线架与走线路由勘察时，应详细勘察与记录机房房顶与地面的结构。走线架和走线路由的勘察图纸应尽量与机房设备勘察图纸分别单独出图（草图和正式图纸）。

图 2-5　机架与设备　　　　　　　　图 2-6　机房走线架（上走线）

在勘察中，要绘制出走线架或走线槽的分布情况，记录各类传输线缆的型号，还应：
① 勘察上走线时，标明上走线架与地面的高度，标明走线架的宽度。
② 勘察下走线时，标明走线槽的尺寸。

4. 接地点的勘察

在机房勘察图纸中应标明接地点的位置以及各种地线的走线路由，并注明属于何种性质的接地（如保护接地、工作接地等）。勘察中应检查在拟新增设备的安装位置附近是否有相应的接地点，并记录接地点接地端子的使用情况。勘察中需要注意区分防雷接地、工作接地和机架保护接地。

5. 供电系统的勘察

机房的供电系统包括整流柜和直流配电屏［见图 2-7（a）］、配电箱、列头柜［见图 2-7（b）］、蓄电池组（见图 2-8）、开关电源柜等设备。

（a）整流柜、直流配电屏　　　（b）列头柜

图 2-7　整流柜和直流配电屏、列头柜　　　　　图 2-8　蓄电池组

供电系统的勘察，应在图纸上标出供电系统设备的位置，并记录设备的型号、额定容量、已用容量、端子的使用情况。对于蓄电池（组），应记录蓄电池组数和容量、蓄电池组的安装方式等内容。

6. 其他勘察内容

记录其他应勘察的内容：BITS（大楼综合定时系统）、网管系统等。

2.1.4　勘察资料的整理

勘察工程师在完成现场勘察后，根据勘察任务书检查确认勘察数据是否完整，勘察草图中是否有遗漏、错误或者不清晰的地方，建设单位相关负责人对勘察表、机房平面图上的数据进行确认。

勘察工程师根据勘察数据和勘察草图，在规定的时间内依照所规定的勘察报告模板编制机房勘察报告，绘制勘察图纸。勘察报告中尽量反映出建设单位重点关注的问题。

按照勘察单位的归档规定将勘察资料进行归档，并提交上级部门审核。

习　　题

结合本小节的内容，阅读表 2-1、表 2-2 所示的机房勘察表。

表 2-1　XXX 机房勘察表

×××公司×××勘察表	建设单位负责人	姓名	
		电话	
	勘察人		
	审核人		
	勘察时间		

项目名称			
机房名称			勘察依据
项　目	勘察内容		勘察结果
1. 电源/地线情况	直流电源种类（-48 V,-24 V）		
	整流器总容量/已用容量（A）		
	直流配电柜电流总容量（A）；熔丝工作方式（1+1）/（1+0）		
	现有用电量（A）		
	本期占用熔丝容量，位置		（图示位置）
	机房保护地线排位置		（图示）
	本期工程列柜型号/尺寸/位置		（图示）
	列柜总熔丝容量及工作方式（1+1）/（1+0）		
	本期使用的列柜熔丝端子号		
	列柜保护地排		
	列柜告警接线端子		
	220 V 交流电		（图示）
	...		

项　目	勘察内容	勘察结果
2. 光配线架 ODF	利旧 ODF 架	（图示）
	新增 ODF 架数量/型号/尺寸/位置	（图示）
	…	
3. 走线路由	信号线缆走线路由	（图示）
	电源线/地线走线路由	（图示）
	…	
4. 机房平面	机房净高、走线架高度	（图示）
	设备名称、位置、尺寸	（图示设备位置）
	新增走线架名称、位置、尺寸	（图示走线架位置）
	孔洞	（图示孔洞位置）
	…	
5. 其他	楼板负荷	
	空调系统	
	防火系统	
	…	

注：① 勘察内容在需要时应有附图，并在附图中标出相应内容或数据。

② 勘察前准备工作：机房平面图、本期设备资料、勘察表、卷尺、指北针、数码相机、必要仪表、绘图文具等。

表 2-2　×××机房勘察表

×××公司×××勘察表	建设单位负责人	姓名	
		电话	
	勘察人		
	审核人		
	勘察时间		

项目名称					
机房名称		设计阶段		勘察依据	
项　目	勘察内容			勘察结果	
1. 电源/地线	本期工程电源系统 DC 尺寸/型号				
	直流电源种类（-48 V，+ 24 V）				
	整流器总容量/已用容量（A）				
	本期工程占用熔丝容量，位置				
	熔丝				
	电池组容量（A·h）/型号				
	机房保护地线排位置/有无空余孔位			（图示位置）	
	220 V 交流电				
	电源转换器/型号，位置				
	新增蓄电池/型号，位置			（图示位置）	
	…				

2. 数字配线架 DDF	利旧 DDF 架，数量/型号/尺寸/位置	（图示位置）
	新增 2 Mbit/s DDF 架，数量/型号/尺寸/位置	（图示位置）
	新增 2 Mbit/s DDF 模块，数量/型号/尺寸/位置	（图示位置）
	阻抗（75 Ω/120 Ω）	
	…	
3. 光配线架 ODF	利用原有 ODF 架，数量/型号/尺寸/位置	（图示位置）
	新增 ODF 架，数量/型号/尺寸/位置	（图示位置）
	新增 ODF 模块，数量/型号/尺寸/位置	（图示位置）
	新增光交接箱，数量/型号/尺寸/位置	（图示位置）
	尾纤接头类型	
	…	
4. 光纤/光缆	光缆使用情况	
	光缆芯数	
	已用纤芯号	
	新增纤芯使用号	
	…	
5. 走线路由	信号线缆走线路由	（图示）
	电源线/地线走线路由	（图示）
	…	
6. 机房平面	机房方向（N）	
	机房净高/走线架位置、高度、宽度（mm）	（图示位置）
	新增走线架位置/高/宽（mm）	（图示位置）
	光缆进线洞位置	（图示位置）
	…	
7. 通信设备	设备型号/尺寸/安装位置	（图示位置）
	…	
8. 其他	1. …	
	2. …	

注：① 勘察内容在需要时，应有附图，并在附图中标出相应内容或数据。
② 勘察前准备工作：机房平面图、本期设备资料、勘察表、卷尺、指北针、数码照相机、必要仪表、绘图文具等。

2.2 绘图方法、工具及仪器的使用

2.2.1 尺规绘图

用铅笔、图板、丁字尺、三角板、圆规、分规等绘图工具和仪器绘制图样，称为尺规绘图。正确地掌握和使用绘图工具和仪器，可提高绘图速度，保证绘图质量。

1. 图板、丁字尺、三角板

画图时，先将图纸用胶带固定在图板上，丁字尺头部靠紧图板左侧，画线时，铅笔垂直于纸面并向右倾斜约 30°，按照图 2-9（a）、（b）所示，即可画水平线、垂直线。

一副三角板与丁字尺配合使用，可画出 30°、45°、60°、15° 以及 75° 的倾斜线，如图 2-9（c）所示。

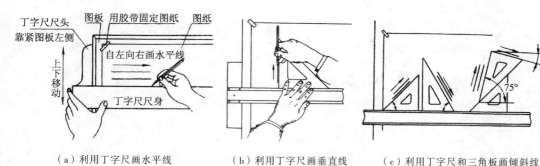

（a）利用丁字尺画水平线　　（b）利用丁字尺画垂直线　　（c）利用丁字尺和三角板画倾斜线

图 2-9　常用绘图工具

2. 曲线板

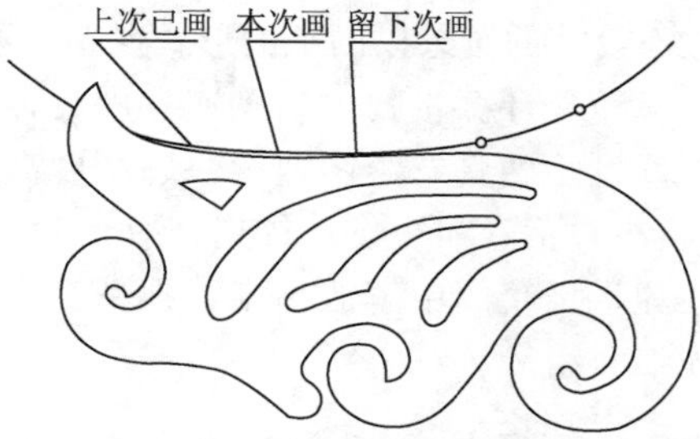

曲线板用来画非圆曲线。描绘曲线时，先徒手将已求出的各点顺序轻轻地连成曲线，再根据曲线曲率大小和弯曲方向，从曲线板上选取与所绘曲线相吻合的一段与其贴合，每次至少对准 4 个点，并且只描中间一段，前面一段为上次所画，后面一段留待下次连接，以保证连接光滑流畅，如图 2-10 所示。

3. 圆规和分规

圆规用来画圆和圆弧。画圆时，圆规的钢针应使用有台阶的一端，以避免图纸上的针孔不断扩大，并使笔尖与纸面垂直，圆规的使用方法如图 2-11（a）所示。

分规用来量取尺寸和等分线段。分规的两个针并拢时应对齐，如图 2-11（b）所示。

图 2-10　非圆曲线的描绘方法

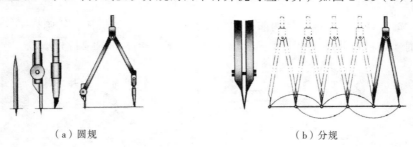

（a）圆规　　　　　　　　　　（b）分规

图 2-11　常用绘图工具

4. 其他绘图用品

常用的绘图用品有绘图纸、绘图铅笔、橡皮、擦图片、砂纸、小刀、胶带纸等。

绘图铅笔用 B 和 H 代表铅芯的软硬。B 代表软性铅笔，如 2B、3B、4B 等，前面的数字越大，说明铅芯越软、越黑；H 代表硬性铅笔，如 2H、3H、4H 等，前面的数字越大，说明铅芯越硬、越淡，如图 2-12 所示。

一般将画粗实线的铅笔的铅芯磨成矩形，画细线和写字的铅笔的铅芯磨削成圆锥形。

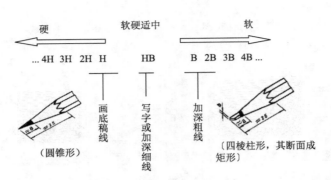

图 2-12　铅笔的使用及修磨方法

2.2.2　计算机绘图

尺规绘图依赖于绘图工具和仪器，一方面制图过程烦琐、设计效率低、修改麻烦；另一方面设计的结果以图纸的形式保存，不利于长期存档和设计人员进行交流。

随着计算机技术的飞速发展，计算机绘图系统已经广泛地应用于工程设计和绘图中。计算机绘图具有绘图速度快、精度高，便于产品信息的保存和修改，设计过程直观，便于人-机对话；缩短设计周期，减轻劳动强度等优点。此外，更重要的是把工程设计人员从烦琐的手工绘图中解放出来，把精力用于创造性的工作。关于计算机绘图，将在后续章节中详细介绍。

2.2.3　草图绘制

草图是依照目测来估计机件各部分的尺寸比例、徒手绘制的图样。这种图主要用于现场测绘、设计方案讨论或技术交流，因此，工程技术人员必须具备徒手绘图的能力。

徒手绘制各种图线时，手腕要悬空，小手指靠着纸面。图形中最常用的图线画法如下：

1. 直线的画法

画直线时，眼睛要目视运笔的前方和笔尖运行的终点，以保证直线画得平直，方向准确。画较长线时，可通过目测在直线中间定出几点，分段画出，如图 2-13 所示。

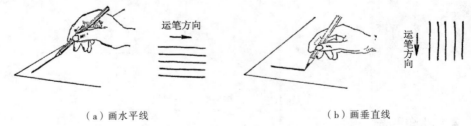

（a）画水平线　　　　　　　　　　　　（b）画垂直线

图 2-13　徒手画直线的方法

2. 圆的画法

画小圆时，可按半径先在中心线上截取四点，然后分四段逐步连接成圆。画较大圆时，除中心线上四点外，还可过圆心增画两条 45° 的斜线，按半径在斜线上再定四个点，然后分八段逐步连接成圆，如图 2-14 所示。

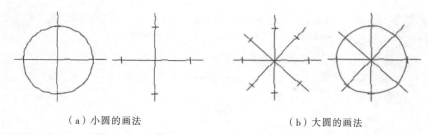

（a）小圆的画法　　　　　　　　　　　　（b）大圆的画法

图 2-14　徒手画圆的方法

　　徒手目测画草图的基本要求是：画图速度要尽量快，目测比例尽量准，图面质量尽量好（图示正确、比例恰当、尺寸齐全、清晰、图线规范、字体工整）。对于工程技术人员来说，除了能熟练使用仪器和计算机绘图外，还必须具备徒手目测绘制草图的能力。

习　　题

1. 使用适当的绘图工具，根据图 2-15 绘制机房草图。要求草图符合工程图纸的基本规范。

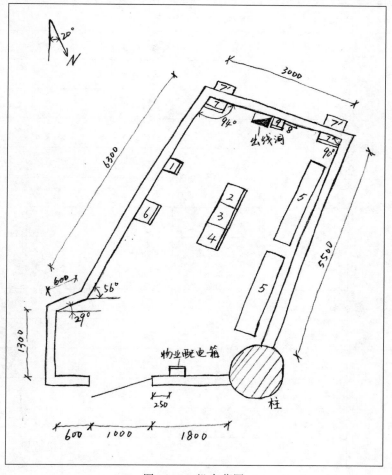

图 2-15　机房草图

2. 使用适当的勘察工具，自行选择或者由任课教师选定机房进行勘察。要求：

（1）设计勘察记录表。

（2）记录勘察情况：填写勘察记录表，并附必要的附图。

（3）绘制机房草图。要求草图需符合工程图纸的基本规范。

勘察记录表可参照表 2-3 所示。

表 2-3　XXX 机房勘察记录表

XXX 班勘察表	勘察人（组）	
	勘察时间	
	勘察工具	
	机房名称	

序号	勘察内容		勘察记录
1	机房整体布局（要求至少两个对角，反应机房全貌）		（图示）
2	主设备	基站设备	（图示位置）
		传输设备	（图示位置）
3	电源系统	配电箱（防雷器）	（图示位置）
		开关电源柜	（图示位置）
		蓄电池	（图示位置）
4	其他配套	监控系统	（图示位置）
		空调	（图示位置）
		馈线窗	（图示位置）
		走线架（连接处、转角处）	（图示位置）
		配线架（DDF、ODF）	（图示位置）
5	防雷接地系统	室内、外接地排	（图示位置）
		接地体引出	（图示位置）
		等电位联结	（图示位置）
6	其他	…	

3. 结合本小节的内容，阅读下列勘察报告，并补充完整。

64×2.5 Gbit/s 波分设备工程勘察报告

勘察人: _____

编制人: _____

审核人: _____

建设单位代表: _____

建设单位: ×××通信有限公司
设计单位: ×××设计有限公司
编制日期: ××××年××月××日

目　录

勘 察 报 告

一、勘察计划

1. 勘察依据

某通信有限公司勘察委托书。

2. 工程简介

某通信公司决定建设 64×2.5 Gbit/s 项目。该项目……

3. 勘察计划

在××月××日给各相关局站发送勘察计划，计划于××月××日开始勘察，勘察行程如表 1 所示。

表 1　勘察行程表

序号	局站	勘察日期	机房负责人	联系电话
1	××	××××.××.××	×××	××××××××
2	××	××××.××.××	×××	××××××××
3	…	…	…	…
4				
5				
…				

二、勘察内容

1. 机房设备（见表 2）

表 2　机房设备

序号	局站	新增×××设备			新增光配线架			新增…			…	…
		型号	数量	规格	型号	数量	规格	型号	数量	规格		
1	××	…	1	2 600×600×600		1						
2	××	…	…	…	…		…					
3												
4												
5												
…												

2. 供电系统（见表 3）

表 3　供电系统

局站	开关电源总容量/A	开关电源已用容量/A	列柜熔丝/A	列柜已用容量/A	本期使用熔丝/A		
××	2000	0	300	…	…		

续表

局　站	开关电源 总容量/A	开关电源 已用容量/A	列柜 熔丝/A	列柜已用 容量/A	本期使用 熔丝/A		
××	…	…	…	…	…	…	…
…							
…							
…							
…							

3. 光纤勘察（见表 4）

表 4　纤芯勘察情况

局站	本期使用光缆	已用纤芯数	空余纤芯数	本期占用纤芯号	纤芯衰耗/（dB/km）	
					1 550 nm	1310 nm
×× - ××	××	25	48	17、18	0.203	…
×× -…	…	…	…	…	…	
…						
…						
…						
…						

4. 其他勘察

（1）网管：……

（2）同步：……

三、问题与建议

1. ……

2. ……

3. ……

4. ……

2.3　计算机绘图基础

AutoCAD 是美国 Autodesk 公司开发的专门用于计算机绘图设计工作的软件，自 1982 年推出以来，经过多年不断完善和更新，该软件性能得到了极大地提升。该软件具有操作简便、绘图精确、通用性强等特点，深受广大工程设计人员的欢迎。现已广泛应用于机械、建筑、电子、通信、航天和水利等众多工程领域。本章节主要介绍 AutoCAD 2014。

2.3.1　AutoCAD 2014 用户界面

1．AutoCAD 2014 的界面启动与退出

用户要在 AutoCAD 2014 绘图，必须先启动软件。通常进入 AutoCAD 2014 界面的方法有如下几种：

① 从 Windows 的"开始"菜单中选择程序子菜单中的 AutoCAD 2014 命令即可。

② 在桌面上建立 AutoCAD 2014 的快捷方式，然后双击该快捷方式图标 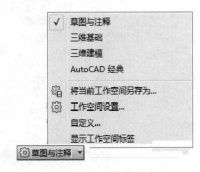 。

③ 直接双击已有的 AutoCAD 文件或右击此软件，在弹出的快捷菜单中选择"打开"命令，即可启动软件，并在窗口中打开此文件。

当用户需要退出 AutoCAD 系统时，可通过下面几种方式退出：

① 在经典模式下，选择"文件"→"退出"命令。

② 单击软件界面左上角"浏览器 " 按钮，在弹出的下拉菜单中选择"关闭"命令。

③ 单击右上角的关闭按钮 。

④ 在命令行输入 quit 命令后按【Enter】键。

⑤ 按【Alt+F4】组合键。

2．AutoCAD 2014 的界面组成

中文版 AutoCAD 2014 为用户提供了"AutoCAD 经典""二维草图与注释""三维基础""三维建模"4 种默认工作空间模式。不同工作空间下的绘图界面有所不同，用户在使用 AutoCAD 2014 设计绘图时，首先要选择工作空间。切换工作空间有两种方式：

第一种是在底部的状态栏中单击切换工作空间按钮，在弹出的切换工作空间列表中即可进行工作空间切换，如图 2-16 所示。

第二种是在顶部的快捷工具栏中单击切换工作空间按钮，在弹出的切换工作空间列表中即可进行工作空间切换，如图 2-17 所示。

图 2-16　切换工作空间方法一

图 2-17　切换工作空间方法二

打开 AutoCAD 2014 软件，可直接进入默认的"草图与注释"空间，如图 2-18 所示。

下面以 AutoCAD 经典工作空间说明 AutoCAD 2014 的界面组成。

AutoCAD 经典工作空间保持了 AutoCAD 早期版本的传统界面风格，主要由菜单浏览器、快速访问工具栏、标题栏、菜单栏、工具栏、绘图区、状态栏等组成，如图 2-19 所示。

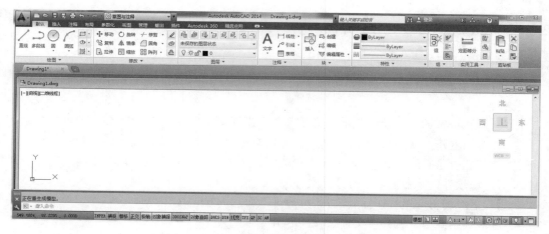

图 2-18 AutoCAD 2014 草图与注释模式

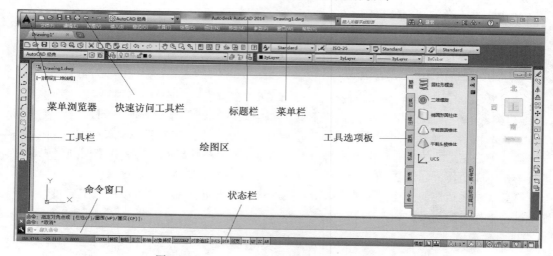

图 2-19 AutoCAD 2014 经典工作界面的组成

3. 界面各组成部分的功用

（1）标题栏

标题栏位于应用程序窗口的最上面，包含应用程序的小按钮，显示当前正在运行的程序和文件名，窗口最大化、最小化和关闭按钮。

（2）菜单浏览器

单击软件界面左上角的浏览器按钮，弹出菜单列表，如图 2-20 所示。该菜单列表显示常用的文件新建、打开、保存以及打印等初始的命令操作。

（3）快速访问工具栏

快速访问工具栏在屏幕的正上方，用于快速调取软件常用的工具按钮，如图 2-21 所示。

（4）菜单栏

菜单栏是应用程序调用命令的一种方式，AutoCAD 2014 的菜单栏分为：主菜单和下拉菜单，几乎包括了 CAD 中全部的功能和命令。

（5）工具栏

工具栏是用来快速调用命令的工具图标的集合，每一个图标对应一个或一组命令。在 AutoCAD 2014 中，系统共提供了 40 多个已命名的工具栏。在图 2-18 所示的草图与注释空间，AutoCAD 已将工具栏整合到功能区。在图 2-19 所的示经典工作空间，绘图窗口左右的"绘图""修改"以及上方的"工作空间"和"标准"等工具栏都处于打开状态。其他工具栏则可根据需要打开，打开方式为在任意工具栏上右击，在弹出的快捷菜单中选择相应的工具栏命令。

图 2-20　菜单列表

图 2-21　快速访问工具栏

（6）绘图区

绘图区是用户绘图的工作区域，在此显示坐标系和绘图结果。

（7）命令窗口

命令窗口位于绘图区下方，用于输入 AutoCAD 命令或查看命令提示和信息。

按【F2】键可以将文本窗口打开，用户可以在其中输入命令，查看提示和信息。文本窗口显示当前工作任务的完整的命令历史记录，可以对其进行编辑，还可以在文本窗口和 Windows 剪贴板之间剪切、复制和粘贴文本。

（8）状态栏

状态栏在绘图窗口的正下方，用于显示或设置当前的绘图状态。默认的状态栏如图 2-22（a）所示，以符号方式显示。在状态栏上右击，弹出快捷菜单如图 2-22（b）所示，取消"使用图标"后，状态栏以中文显示，如图 2-22（c）所示。状态栏上最左边的一组数字反映当前光标的坐标，其余按钮从左到右依次为推断约束、捕捉、栅格、正交、极轴、对象捕捉等。单击某一按钮可实现对应功能的启用和关闭，按钮被按下时启用对应功能。

（9）"草图与注释空间"的功能区

"草图与注释空间"（见图 2-18）在快速访问工具栏的下方和绘图区上方，由功能区面板组成，每一个功能区又包括多个子功能区，子功能区中包括多个工具按钮。

（a）以符号显示

（b）快捷菜单

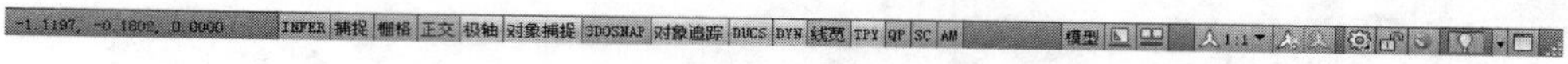

（c）以中文显示

图 2-22　状态栏

2.3.2　AutoCAD 2014 的绘图环境设置

进行手工绘图时，首先要根据实物的大小考虑准备一张合适的图纸，并确定适当的绘图比例和单位制。AutoCAD 软件为了适应各种工程图样的需要，提供了多种供用户选择的绘图环境。用计算机绘图和手工绘图一样，需要根据绘制图样的要求设置绘图区域（也称为绘图界限），选择图形单位及绘图比例，这是绘图的基本设置。

1.　设置图形界限

图形界限是指在模型空间中设置一个想象的矩形绘图区域，也称为绘图界限。它确定的区域是可见栅格指示的区域。当此功能处于"打开"状态时，绘图只能在限定的区域内进行。

命令启动方式如下：

● 命令：limits（limi）。

● 菜单："格式"→"图形界限"。

调用命令后，命令行提示：

指定左下角点或 [开(ON)/关(OFF)] <0.0000,0.0000>:

此时可完成：绘图界限打开与关闭、新图形界限的设置。当输入新的所需坐标值后按【Enter】键或直接按【Enter】键。继续提示：

指定右上角点 <420.0000,297.0000>:

输入新的所需坐标值后按【Enter】键，即可完成新图形界限的设置。

为了保证所绘制的图形在绘图区域的中间位置，可打开状态栏中的"栅格"按钮，在命令行输入"Z"（命令缩放）→"A"（全部显示命令），便于图形定位。

2.　设置图形单位

图形单位主要用来控制坐标和角度的显示格式和精度。命令启动方式如下：

● 命令：units。

● 菜单："格式"→"单位(U)"。

使用命令或单击菜单后，AutoCAD 系统将打开"图形单位"对话框，如图 2-23 所示。

在"图形单位"对话框中，有长度、角度、插入时的缩放单位、输出样例和光源选项组，可以完成相应的设置。

3. 图层的设置、调用与状态控制

对于复杂图形，AutoCAD 系统提供了将图形进行分层管理和绘制的方法，即将复杂图形按其特性分解，再将分解后的图形分别绘制在不同的图层上，用于在图形中管理对象的信息、线型、颜色及其他属性，各层的叠加即是一张完整的图形。

命令启动方式如下：
- 命令：layer。
- 菜单："格式" → "图层(L)..."。
- 工具栏："图层" → "图层特性管理器" 按钮 。

打开的"图层特性管理器"对话框如图 2-24 所示。

图 2-23 "图形单位"对话框

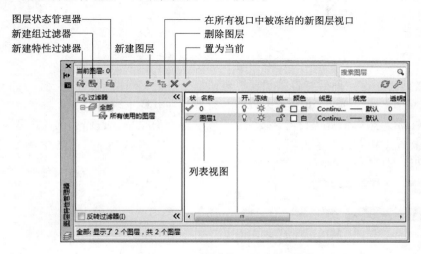

图 2-24 "图层特性管理器"对话框

（1）图层的设置

下面以实例说明图层的创建与设置方法。

【案例】创建一个新图层。要求：层名为"中心线"，颜色为红色，线型为"中心线"，线宽为 0.25，并置为当前。

具体操作如下：

① 单击图层工具栏中的"图层特性管理器" 按钮 ，打开"图层特性管理器"。

② 设置新层。单击"图层特性管理器"中的"新建图层"按钮 ，在"图层特性管理器"的"列表视图"中出现一个未命名的图层，如图 2-25 所示。

图 2-25 "列表视图"中的未命名的图层

③ 命名层命。在图 2-25 中未命名的图层上双击"图层 1"进行重命名，将其改为"中心线"。

④ 设置颜色。在"图层特性管理器"对话框中单击"颜色 "选项，打开"选择

颜色"对话框,选择"红色",单击"确定"按钮,如图 2-26 所示。

在"索引颜色"选项卡中有 250 种颜色供用户选择。选择颜色时,既可以在颜色编辑框内输入所选择的颜色号,也可以单击对话框中的颜色按钮。最后单击"确定"按钮,退出"选择颜色"对话框并保存当前的设置。

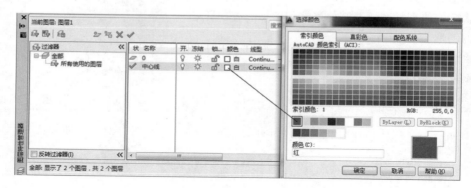

图 2-26　设置颜色

⑤ 设置线型。在"图层特性管理器"对话框中单击"线型"栏,打开"选择线型"对话框,在该对话框中,单击 加载(L)... 按钮,打开"加载或重载线型"对话框,选择线型为中心线 CENTER,然后单击"确定"按钮,系统关闭此对话框,返回"选择线型"对话框,这时在"选择线型"对话框中出现了可选的中心线 CENTER 线型。单击选择此项,然后单击"确定"按钮,即可完成线型的设置,如图 2-27 所示。

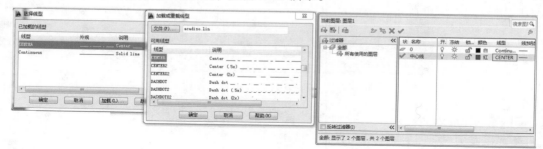

图 2-27　设置线型

线型在工程图纸中是非常重要的,一张工程图中往往使用几种不同的线型,例如细实线、粗实线、点画线等。用户可以在不同图层设置相同或不同的线型,同一图层一般使用相同的线型。系统中预定义的线型存储在 ACAD.LIN 文件中,用户可以根据需要对其进行加载,然后设置图层或图形对象的线型。

⑥ 设置线宽。在"图层特性管理器"对话框中单击"线宽"栏,打开"线宽"对话框,找到线宽为 0.25 选项,单击"确定"按钮,完成线宽的设置,如图 2-28 所示。

在模型空间中宽度的显示是靠状态栏上的"线宽"按钮控制的。当选择状态栏上的"线宽"按钮时,图形中的线宽才能显示出来,否则不显示线宽。在图纸空间布局中,线宽以实际打印宽度显示。

图 2-28　设置线宽

⑦ 置为当前。选择"中心线"图层，单击"置为当前"按钮 ，选中的图层即被设置成当前图层。

（2）图层的调用

图层的调用是将需要的图层置为当前。通常用户可以通过"层特性管理器"或"图层"工具栏来完成。

使用"图层特性管理器"时，在其"列表视图"中选择所需要的图层后，单击"置为当前"按钮 即可。

使用"图层"工具栏调用图层有两种方式：一种是在"图层"工具栏中，打开下拉列表，单击列表中的图层名；另一种是先选择图形对象，然后单击"将对象的图层置为当前"按钮 调用图层，如图 2-29 所示。

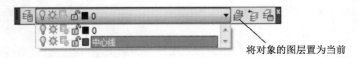

将对象的图层置为当前

图 2-29　使用图层工具栏调用图层

（3）图层状态的控制

图层状态的控制即控制图层的打开、关闭，冻结、解冻，锁定和解锁。启动系统进入绘图窗口时，图层的默认状态是打开、解冻和解锁。

在绘制图形时，为了方便、快捷地控制图层的状态，用户同样可以通过"图层"工具栏来完成图层状态的控制。

控制方法：在"图层"工具栏中打开下拉列表，单击列表中需要控制的图层中的各状态开关按钮即可，如图 2-30 所示。

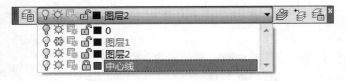

图 2-30　使用图层工具栏控制图层状态

按钮所处状态的含义如下：

——打开图层； ——关闭图层； ——解冻图层； ——冻结图层； ——解锁图层； ——锁定图层。

2.3.3　AutoCAD 2014 绘图工具的使用

为了提高绘图的准确性和绘图速度，AutoCAD 系统提供了多种绘图的辅助工具，如视图缩放与平移、栅格显示、捕捉模式、正交模式、对象捕捉、对象捕捉追踪等。

1. 视图缩放

在绘图过程中，为了方便地进行对象捕捉，准确地绘制实体，经常需要在保持对象实际尺寸不变的情况下，将当前视图进行全部或局部放大或缩小。这些就是 AutoCAD 中 zoom 命令的功能。zoom 命令可实现多种缩放方式，可根据需要按提示操作。

视图的缩放还可以选择菜单栏中的"视图"→"缩放"→"缩放子命令"或单击"缩放"工具栏中的相应按钮以及单击"标准"工具栏中的 按钮来完成。

对于"草图与注释空间"，在绘图区导航器上单击缩放快捷按钮 也可以进行快速缩放。

2. 视图平移

在绘图过程中，由于屏幕尺寸有限，当前文件中的图形不一定全部显示在屏幕内，若想查看屏幕外的图形可使用 pan 命令或单击"标准"工具栏中的"平移"按钮 ，它比 zoom 快，操作比较直观而且简便，因此在绘图中常使用。

3. 栅格显示

栅格是点或线的矩阵，遍布指定为栅格界限的整个区域。使用栅格类似于在图形下放置一张坐标纸，但不被打印。利用栅格可以对齐对象并直观地显示对象之间的距离。

4. 捕捉模式

捕捉模式是用于限制十字光标，使其按照用户定义的间距移动。当"捕捉"模式打开时，光标似乎附着或捕捉到可见或不可见的栅格。捕捉模式有助于使用箭头键或定点设备来精确地定位点。

5. 正交模式

正交模式可以将光标限制在水平或垂直方向上移动，以便于精确地创建和修改对象。

6. 对象捕捉

使用对象捕捉功能可快速准确地捕捉一些特殊点，如圆心、端点、中点、切点、交点等。打开"对象捕捉"工具栏，如图 2-31 所示。默认情况下，将光标移到对象的捕捉位置时，将显示捕捉标记（小方框）和标签（又称为自动捕捉工具栏提示）。

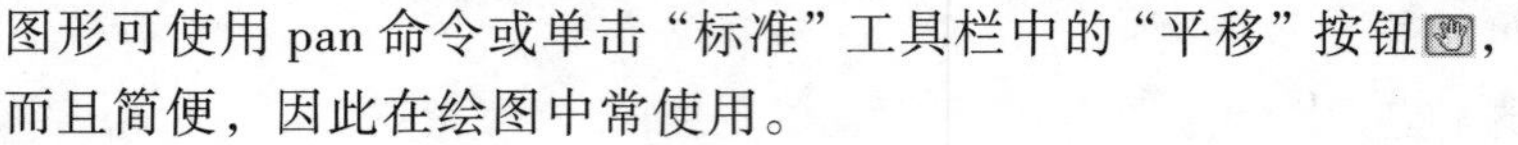

图 2-31　"对象捕捉"工具栏

单击状态栏中的"对象捕捉"按钮 可进行打开和关闭的切换，在进行图形绘制时，一定要将对象捕捉功能打开，否则无法做出精确图形。右击状态栏中的"对象捕捉"按钮 ，打开"对象捕捉"快捷菜单，可选择各种捕捉方式，如图 2-32（a）所示。选择"设置"命令，打开"草图设置"对话框，可进行栅格和捕捉设置、极轴设置以及对象捕捉设置等，如图 2-32（b）所示。

（a）"对象捕捉"快捷菜单

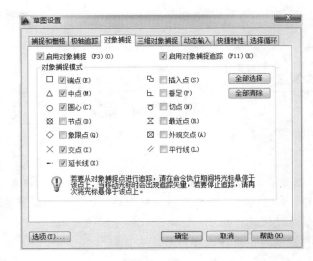

（b）"草图设置"对话框

图 2-32　对象捕捉设置

7．对象捕捉追踪

使用对象捕捉追踪，在命令中指定点时，光标可以沿基于其他对象捕捉点的对齐路径进行追踪，该功能相对于对象捕捉和极轴追踪的功能合用。通过单击状态栏中的"对象捕捉追踪"按钮 可进行切换，也可以按键盘功能键【F11】进行切换。

习　　题

使用计算机绘图软件，完成以下练习：

1．建立 *.dwt 文件，文件命名格式：学号+姓名（例：1602010101 陈琪）。

2．建立图形界限：297 mm × 210 mm。

3．按标准建立各种形式的 A4 图纸幅面。

4．长度的类型设置为"小数"，精度设置为小数点后 2 位；角度的类型设置为"十进制度数"，精度设置为小数点后 2 位。

5．建立以下图层：

● 细实线：颜色为白色（黑色），线型为 Continuous，线宽为 0.25。

● 粗实线：颜色为白色（黑色），线型为 Continuous，线宽为 0.5。

● 中心线：颜色为白色（黑色），线型为 CENTER，线宽为 0.25。

● 虚线：颜色为白色（黑色），线型为 DASHED，线宽为 0.25。

● 标注线：颜色为红色，线型为 Continuous，线宽为 0.25。

第3章

➡ 通信机房的设计与平面图的绘制

《通信建筑工程设计规范》（YD 5003—2014）指出，通信建筑工程设计应符合技术先进、经济合理、安全适用、确保质量、保护环境、节约能源等要求，也应符合城市建设中规划、环保、节能、消防、抗震、防洪、人防等有关要求。

通信建筑按使用功能可分为以下三类：

① 专门安装通信设备的生产性建筑。

② 为通信生产配套的辅助生产性建筑。

③ 为支撑通信生产的支撑服务性建筑。

通信建筑按重要性可分为以下三类：

① 特别重要的通信建筑，主要包括国际出入口局、国际无线电台、国际卫星通信地球站、国际海缆登陆站等。

② 重要的通信建筑，主要包括大区中心、省中心通信枢纽楼、长途传输一级干线枢纽站、国内卫星通信地球站、本地网通信枢纽楼、客服呼叫中心、互联网数据中心楼、应急通信用房等。

③ 一般的通信建筑，为特别重要、重要以外的通信生产用房，主要包括本地网其他通信楼、远端接入局（站）、光缆中继站、微波中继站、移动通信基站、营业厅等。

通信建筑按高度可分为以下三类：

① 单层和多层通信建筑，即建筑高度不大于 24 m 的通信建筑。

② 高层通信建筑，即建筑高度大于 24 m，但不大于 100 m 的通信建筑。

③ 超高层通信建筑，即建筑高度大于 100 m 的通信建筑。

通信建筑的结构安全等级应符合下列规定：

① 特别重要的及重要的通信建筑结构的安全等级为一级。

② 其他通信建筑结构的安全等级为二级。

本章主要介绍通信机房的设计。

 学习目标

通过本章的学习，学生将：

● 基本熟悉与通信机房设计相关的规范与标准，能够根据规范与标准，初步建立按规范与标准设计通信机房的理念。

● 依据相关的规范与标准，能够对通信机房的选址、各类通信设备（包括机柜/机架、走线架）布置、供电系统配备、机房强弱电布线、机房环境建设（包括温湿度、照明、防火、防静电和防雷）等提出方案或建议。

● 利用绘图工具与软件，结合相关的规定与标准，绘制通信机房的设计图纸。

3.1 通信机房的环境设计

3.1.1 通信机房的选址要求

通信机房的选址要求包括以下几点：

① 通信机房的选择应满足通信网络规划和通信技术要求，并应结合水文、气象、地理、地形、地质、地震、交通、城市规划、土地利用、名胜古迹、环境保护、投资效益等因素及生活设施综合比较选定。机房的建设不应破坏当地文物、自然水系、湿地、基本农田、森林和其他保护区。

② 机房的占地面积应满足业务发展的需要，机房地址选择时应节约用地。

③ 机房地址应有安全环境，不应选择在生产及储存易燃、易爆、有毒物质的建筑物和堆积场附近。

④ 机房应避开断层、土坡边缘、河道，有可能塌方、滑坡、泥石流及含氡土壤的威胁和有开采价值的地下矿藏或古迹遗址的地段，不利地段应采取可靠措施。

⑤ 由于洪水泛滥是一种危害很大的自然灾害，局、站址选在易受洪水淹灌地区或防洪措施不足将造成很大的隐患。一旦洪水侵袭，不仅威胁人员的生命安全，而且会导致通信设施破坏，影响防洪救援的通信联系，造成更大的损失，所以必须采取措施防御洪水，减免洪灾损失。机房不应选择在易受洪水淹灌的地区；无法避开时，可选在场地高程高于计算洪水水位 0.5 m 以上的地方；仍达不到上述要求时，应符合 GB 50201—2014《防洪标准》的要求：

● 城市已有防洪设施，并能保证机房的安全时，可不采取防洪措施，但应防止内涝对生产的影响。

● 城市没有设防时，通信机房应采取防洪措施，洪水计算水位应将浪高及其他原因的壅水增高考虑在内。

● 洪水频率应按通信机房的等级确定：特别重要的及重要的通信机房防洪标准等级为 I 级，重现期（年）为 100 年；其余的通信机房为 II 级，重现期（年）为 50 年。

⑥ 机房应有安静的环境，不宜选在城市广场、闹市地带、影剧院、汽车停车场、火车站以及发生较大震动和较强噪声的工业企业附近。

⑦ 机房应有较好的卫生环境，不宜选择在生产过程中散发有害气体、较多烟雾、粉尘、有害物质的工业企业附近。

⑧ 机房地址选择时应考虑邻近的高压电站、高压输电线铁塔、交流电气化铁道、广播电视台、雷达站、无线电台及磁悬浮列车输变电系统等干扰源的影响，安全距离按相关规范确定。

⑨ 机房地址选择时应符合通信安全保密、国防、人防、消防等要求。

⑩ 机房选择时应有可靠的电力供应。一类市电供电宜有两路相对独立的可靠的外市电供应。一类市电供电主要用于规模容量庞大的、地位十分重要的通信局。例如，重要的国际出入口局、省会以上长途枢纽楼、一类国际卫星地球站、国际海缆登陆站及大型无线电台等工程。

⑪ 市内有多个局、站的机房时，不同局、站的机房之间应相距一定距离，且分布于城市

的不同方向。机房宜选择交通便利、传输缆线出入方便的位置；本地网的机房，应置于或接近用户线路网的中心。

⑫ 机房选择时应考虑对周围环境影响及防护对策。机房对周围环境的影响应符合 GB 8702—2014《电磁环境控制限值》的要求。

3.1.2 通信工艺与电源对土建的要求

通信建筑工程设计应满足通信工艺和电源对土建的要求。通信工艺设计应提出详尽及合理的工艺设计要求，主要包括：局（站）址选择；总平面布局；通信工艺对建筑、结构设计的要求；楼内电（光）缆走线孔洞的设置；电（光）缆进线室的设置；局前电（光）缆人孔的设置；通信机房环境；通信设备用电负荷要求。

① 通信工艺对建筑、结构设计的要求应考虑下列内容：
- 各种通信设备占用的机房面积应根据预测的规模容量、所安装设备的品种及技术设备的更新换代、新业务新技术的发展等因素确定。
- 安排各类通信机房楼层时，应考虑所安装设备之间的功能关系及合理的工艺流程和走线路由，使其便利、顺畅、便于使用和维护管理。
- 机房平面布置应紧凑，结构合理，最大限度提高设备安装量；各楼层的机房安排应有通用性，并根据需要进行分隔。
- 机房设计应贯彻集中维护的原则，按无人或少人值守的要求安排机房，以扩大机房的有效使用面积。

② 楼内电（光）缆走线孔洞的设置应符合下列要求：
- 通信设备机房内应预置足够数量的用于敷设通信电（光）缆和通信用电力电缆的垂直楼板孔洞和水平穿墙孔洞。
- 通信电（光）缆孔洞与电力电缆孔洞应分别独立设置。
- 楼板孔洞的设置位置应采用既有集中又有分散的形式设置。

③ 电（光）缆进线室的设置应符合下列要求：
- 电（光）缆进线室的使用面积应根据预测的通信设备机房规模、容量及新业务新技术的发展确定。
- 电（光）缆进线室与外线连接以敷设管道的方式为主，进线室内预留管道接口；每栋通信大楼应设置不少于两个相对独立的电（光）缆进线室和不少于两个相对独立的外部电（光）缆引入路由。

④ 局前电（光）缆人孔的设置应符合下列要求：
- 应在通信设备机房建筑基础外部的地面以下设置地下电（光）缆引入人孔，以便于通信电缆和光缆引入至设在通信楼内的进线室。
- 人孔的设置类型应由电缆和光缆的敷设形式及引入方式确定。

⑤ 通信电源对土建的要求：
- 通信机房应有可靠的电源保证，应根据预测的通信设备终期用电量确定电源容量，并为电源设备预留足够的机房面积及合理的结构荷载。
- 安排通信电源机房时，应考虑所安装设备之间的功能关系及合理的工艺流程和走线路由；电力、电池室宜设置在动力负荷的中心，节约线缆长度及日常运行费用。

3.1.3 通信机房的建筑设计

1. 平面布局

① 通信机房的平面设计应符合下列要求：

- 平面布局应满足工艺规模容量及新技术发展的要求，充分考虑通信设备安装及维护的方便，并从层高、内部交通、消防、建筑构造、楼面荷载等方面为远期生产房间的扩充与调整创造条件。各层平面应具有通用性、兼容性。
- 通信机房应采用矩形平面，平面布置应紧凑合理，最大限度提高设备安装数量，不应采用圆形、三角形平面等不利于设备布置的机房平面，在满足消防等要求情况下，应加大标准层面积。
- 通信机房内不宜设置隔断，以提高建筑面积的有效利用率。近期只安装部分通信设备时，可将未装机部分进行临时性分隔，但应采取措施保证临时分隔在后期改建拆除时不影响设备的正常运转，并应按照相关防火规范的规定，采取必要的防火措施，以满足近远期要求。
- 通信机房的室外机平台宜紧临机房设置，不宜设在西向；室外机平台宜开敞。

② 安排各类通信机房楼层时，应考虑所安装设备之间的功能关系及合理的工艺流程和走线路由，使其便利、顺畅、便于使用和维护管理。

③ 通信机房及辅助生产用房的上层不应布置易产生积水的房间，不能避免时，上层房间的楼面应采取有效的防水措施。

④ 机房内机房专用空调的加湿进水管一侧宜设置挡水设施。

⑤ 应合理开发利用地下空间作为设备用房等。通信建筑内的冷冻机房、通风机房、水泵房、电缆充气控制室等一些有较大噪声的房间，宜设于地下室内或在室外单设。上述房间应采取隔震和隔声措施，降低噪声对周围生产房间的干扰，以符合环保要求。

⑥ 少人或无人值守的通信机房按大空间设计时，其室内任何一点至最近安全出口的直线距离不应大于 30 m。

2. 机房层高及室内净高

通信机房的层高，应由工艺生产要求的净高、结构层、建筑层、风管（或下送风架空地板）及消防管网等高度构成。

工艺生产要求的净高，应由通信设备的高度、电缆槽道和波导管的高度、施工维护所需的高度等综合确定，应符合表 3-1 的规定。

表 3-1　工艺生产要求的净高值

机 房 类 别	净高/m	备　注
通信机房	3.2 ~ 3.3	① 按机架高度 2.2 m，三层走线架考虑； ② 楼层建筑面积大于 2 000 m² 时，宜取上限，其他取下限
测量室： ① 总配线架高度 ≤ 3.0 m ② 总配线架高度 > 3.0 m	 3.5 4.2	
地下电（光）缆进线室	局内安装有市话设备 ≥3.0，其他 ≥2.6	

续表

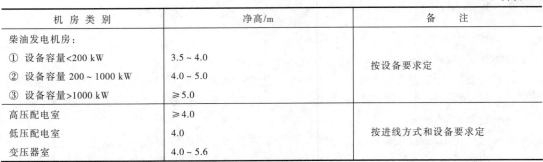

机房类别	净高/m	备注
柴油发电机房： ① 设备容量<200 kW ② 设备容量 200～1000 kW ③ 设备容量>1000 kW	3.5～4.0 4.0～5.0 ≥5.0	按设备要求定
高压配电室	≥4.0	
低压配电室	4.0	按进线方式和设备要求定
变压器室	4.0～5.6	

楼层层高宜由主机房的层高来确定。与主机房配套的生产房间和辅助生产房间的层高，不宜另定层高要求。

后期发展用的房间或为适应后期通信设备有可能改变的生产房间的净高，可参照表 3-1 的净高要求进行设计。

3. 通信机房的装修应符合下列要求

① 各类通信机房造型应满足工艺要求。造型和立面设计应力求简约、大方，不宜设置大面积玻璃（或其他透明材料）幕墙。外装修应做到构造简单、方便施工、节约投资，同时应满足国家有关防火方面的规定。

② 通信机房的室内装修设计，应满足通信工艺的要求和 GB 50222—2017《建筑内部装修设计防火规范》的相关规定。装修材料应采用光洁、耐磨、不燃烧、耐久、不起灰、环保的材料。除作为空调回风道使用外，通信机房不应设吊顶。

③ 安装通信设备的机房采用下送风架空活动地板时，应有防静电措施；在有抗震要求的情况下，其支脚应满足抗震要求。原楼地面面层可不做防静电处理，应采取水磨石、水泥抹面刷地板漆等措施保证其平整、光滑、不起尘。

4. 地下电（光）缆进线室

① 地下电（光）缆进线室及铁架安装设计应在确保通信畅通、安全可靠的前提下，综合考虑施工、维护的方便及远期需求，并应符合 YD/T 5151—2017《光缆进线室设计规定》的规定。

② 电（光）缆进线室宜采用全地下室、半地下室两种主要模式；可优先选择半地下室，其地面埋深不小于室外地坪 1 m。进线室宽度，采用单面铁架时不得小于 1.7 m、双面铁架时不得小于 3 m。

③ 电（光）缆进线室宜靠外墙设置，其围护结构应有良好的整体性。四周墙体应内壁平齐，室内不宜有突出的梁和柱；电（光）缆进线室的墙体应有较大的承载力，以便固定电缆托架。

④ 局址宜考虑两路及两路以上不同方向电（光）缆进局管道进入不同的电（光）缆进线室。管孔总数应满足终局容量；管道进口底部离进线室地面距离不应小于 400 mm，顶部距天花板不宜小于 300 mm，管道侧面离侧墙不应小于 200 mm。

⑤ 电（光）缆进线室地板和四周墙体应具有良好的防水性能，不应渗漏水，射钉枪打入墙壁 120 mm 深度不破坏防水层；室内应设置集水坑。电（光）缆管道入口与进线室的连

接部位应采用有效的防水堵塞措施，该连接部位不得漏、渗水及沉降、错裂，并应严防有害气体浸入。

⑥ 电（光）缆进线室应设置电（光）缆上线槽洞。电（光）缆上线槽洞与电（光）缆之间的空隙应采用相同耐火极限的防火封堵材料进行有效封堵。

⑦ 电（光）缆进线室不宜通过其他管线；无法避免时，应对通过进线室的其他管线采取保护措施，严禁通过燃气管线和高压电缆线。电（光）缆进线室不应作为通往其他房间的走道使用。

⑧ 电（光）缆进线室设计应符合国家现行相关防火规范的规定。

5. 蓄电池室

选用阀控式蓄电池时，楼地面、墙面、顶棚面、门窗、通风等可按通信机房的要求设计。蓄电池室的外窗，应采取措施避免太阳直射光照射蓄电池。

6. 通信基站机房

通信基站机房设计除应满足工艺要求外，还应符合基础设施共享共建的精神和 YD/T 2198—2010《租房改建通信机房安全技术要求》的规定。

7. 其他类型机房

其他类型的机房，如互联网数据中心用房、客服呼叫中心、电视电话会议室、营业厅等，应符合相关的规范。

8. 通信机房的构造及设施

通信机房的建筑构造、楼梯、电梯、走道、门、窗、屋面等，均应依据相关的规范与标准进行设计与建设。

9. 发电机房、变配电房和柴油库

（1）发电机房

发电机房设计除应满足工艺要求外，还应符合 YD 5167—2016《通信用柴油发电机组消噪音工程设计暂行规定》的规定，采取隔声、隔震措施，其噪声对周围建筑物的影响不应超过 GB 3096—2008《声环境质量标准》的规定，同时应符合国家相关防火规范的规定。

发电机组安装在主楼地上楼层时，发电机房内应设置专用进出通风管道、排热、排烟、供水、减少噪声外泄、防漏油和防震等设施，以达到有关规范要求，并应考虑机组施工搬运的方便。发电机组安装在主楼地下室时，除应满足地上楼层的上述要求外，地下室还应采取防潮、防水、排水等措施。在易受洪水淹灌地区，重要通信建筑的发电机组应避免设置在地下室最底层。

（2）变配电房

高低压变配电室的设计除符合国家相关规范规定外，还应满足以下要求：长度大于 7 m 的配电室应在两端各设一个出口，并向外开启；变压器室、配电室等应设置必要的设施，防止雨雪和小动物从采光窗、通风窗、门、电缆沟等进入室内；变配电室的电缆夹层、电缆沟应采取防水、排水措施。

（3）柴油库

柴油库储油设施可分为三类：直埋式储油罐、地下柴油库及地上柴油库。柴油库宜采用直埋式储油罐或地下柴油库。

采用地上柴油库时，其耐火等级不应低于二级，防火间距应符合国家现行有关防火规范的规定；当采用地下柴油库时，应采取防潮、防水、防火、通风及防漏油措施；直埋地下的柴油卧式罐宜采取防漏油措施，并注意按相关防火规范设置与建筑物之间的防火间距。

柴油发电机房布置在建筑内时应设置储油间，其总储存量应符合国家现行有关防火规范的规定，且储油间应采用防火墙与发电机间隔开；当必须在防火墙上开门时，应设置能自动关闭的甲级防火门；储油间应设置防止事故时油品外溢的门槛。

3.1.4 通信机房的载荷与防震设计

通信机房所在的建筑物，在结构设计时，应进行多方案比较，选用受力性能好且经济合理的结构体系及合理的平、立面布置方案。设计时应加强构造措施，提高结构的整体性。机房所处的多、高层通信建筑物，其结构体系的选择应符合相关的规范与标准。

1. 机房所处于的通信建筑的楼面等效均布活荷载

① 通信建筑的楼面等效均布活荷载的标准值，应根据工艺设计提供的通信设备的重量、底面尺寸、安装排列方式以及建筑结构梁板布置等条件，按内力等值的原则计算确定。

② 工程建设时，应结合通信设备密集安装和分散供电等情况，综合考虑将来可能发生的变化，对各类通信机房的楼面等效均布活荷载值进行协调统一，以提高机房的通用性。通信建筑的楼面等效均布活荷载的取值，应符合下列要求：

- 同一楼层内，应选取该楼层中占用面积最大的主要机房的楼面等效均布活荷载值，作为该层机房楼面活荷载的标准值。但楼面活荷载大于该标准值的机房，其楼面活荷载应按实际大小取值。
- 通信建筑的楼面等效均布活荷载的标准值及其组合值、频遇值和准永久值系数，可按表3-2选用。
- 对于利用旧机房进行改造的工程，楼面等效均布活荷载可不受表3-2所列荷载的限制。设计时，可根据所采用的通信设备的重量、底面尺寸、排列方式及原有机房建筑结构的梁板布置和配筋情况进行核算。

表 3-2　通信建筑的楼面等效均布活荷载值

序号	房 间 名 称	标准值/（kN/m²）			组合值系数 ψ_e	频遇值系数 ψ_t	准永久值系数 ψ_n
		板	次梁	主梁			
1	电力室（有不间断电源的开间）、阀控式蓄电池室（蓄电池组四层双列摆放）	16.0	13.0	12.0			
2	电力室（无不间断电源的开间）、阀控式蓄电池室（蓄电池组四层单列摆放）、蓄电池室（一般蓄电池单层双列摆放）、地球战机房	13.0	11.0	10.0			
3	总配线架室（每直列1 000线以上）、数字微波设备机房、互联网数据中心（IDC）、业务运营支持系统和数据通信设备机房	10.0	8.0	7.0	0.9	0.9	0.8
4	高低压配电室，总配线架室（每直列800线以下）	8.0	6.0	6.0			
5	固定通信设备机房、数字传输设备机房、移动通信设备机房	6.0	6.0	6.0			

序号	房 间 名 称	标准值/（kN/m²）			组合值系数 ψ_e	频遇值系数 ψ_t	准永久值系数 ψ_n
		板	次梁	主梁			
6	网管中心、计费中心等业务监控室，操作维护中心	6.0	6.0	6.0			
7	客服呼叫中心坐席区	3.0			0.7	0.7	0.6
8	客服呼叫中心点名区	3.5			0.7	0.6	0.5
9	楼梯、走廊	3.5			0.7	0.6	0.4
10	室外机平台	3.5			0.9	0.9	0.8
11	钢瓶间	10			0.9	0.9	0.8

注：① 表列荷载不包括隔墙、吊顶、吊挂荷载。

② 由于不间断电源设备和蓄电池较重，设计时也可按照该设备的重量、底面尺寸、排列方式等对设备作用处的楼面进行结构处理。

③ 设计墙、柱、基础时，楼面活荷载值可采用本表中主梁的荷载值。

④ 序号3、5中，未考虑分散供电时蓄电池进入机房增加的荷重。

⑤ 序号6中网管中心、计费中心主设备机房的楼面等效均布活荷载应按照序号 3 或 5 选用。

2. 机房所处的通信建筑的抗震设计

机房所处的通信建筑的抗震设计，应按国家现行的有关标准、规范和 YD 5054—2010《通信建筑抗震设防分类标准》执行。

在地震区，通信建筑应避开抗震不利地段；当条件不允许避开不利地段时，应采取有效措施；对危险地段，严禁建造特殊设防类（甲类）、重点设防类（乙类）通信建筑，不应建造标准设防类（丙类）通信建筑。

计算地震影响，当楼面活荷载按表 3-2 取值时，活荷载的组合值系数取 0.8；当按实际情况计算楼面活荷载时，活荷载的组合值系数取 1.0。

3.1.5 通信机房工作环境的设计要求

1. 空调的设计

① 空调设备的设置，应根据通信设备长期正常运转的需要及气候条件确定。各类机房空调设备的设置应符合表 3-3 的要求。

表 3-3　各类机房空调设备的设置要求

机 房 类 别	机 房 名 称	空调设备要求
一	国际、国内长途通信设备机房、汇接局设备机房、关口局设备机房、No.7信令设备机房、互联网数据中心（IDC）和数据通信设备机房、移动通信设备机房、固定通信设备机房、智能网设备机房、计费设备机房、网管设备机房	不论气候条件，均应设置长年运转的空调装置
二	传输设备机房、电力室、蓄电池室、远端接入设备机房、移动通信基站、微波通信设备机房、卫星通信地球站的 HPA 和 GCE 设备机房	不论气候条件，设置季节性运转的空调
三	网络管理监控中心、计费处理中心、客服呼叫中心、维护中心	根据各地气候条件设置季节性空调装置

第 3 章　通信机房的设计与平面图的绘制

② 空调房间的室内环境条件应符合表 3-4 的要求。有特殊要求的通信机房应按工艺要求确定。

表 3-4　空调房间的室内环境条件

空调房间名称	温度/℃		相对湿度 /%	洁净度（直径大于 0.5μm）
	夏季	冬季		
除基站机房外各类通信机房	24 ~ 27	18 ~ 27	40 ~ 70	灰尘粒子浓度<18 000 粒/L
生产管理用房	26	18 ~ 20		
网络管理监控中心、计费处理中心、客服呼叫中心、维护中心	26	18		
营业厅	26 ~ 28	16 ~ 18		

③ 空调房间的新风量应符合表 3-5 的规定。

表 3-5　空调房间的新风量

空间房间类型	新风量/［m³/（h.p）］
生产管理用房	30
网络管理监控中心、计费处理中心、客服呼叫中心、维护中心	30
营业厅	20

通信机房空调系统形式的选择，应根据机房规模、机房的性质、负荷变化情况和参数要求、所在地区气象条件、能源状况、政策、环保等要求，通过技术经济比较确定，且符合下列规定：

- 生产性通信建筑宜采用分散式空调系统。
- 机房面积大于 10 000 m² 且设备安装速度较快的数据中心机房楼宜采用中央空调系统。
- 其他机房按民用建筑标准，选用适合的空调系统。

④ 通信机房采用分散式空调系统时，一类通信机房各空调设备数量应按计算确定，并应按 $N+X$（$X=1 ~ N$）考虑备用。

⑤ 通信机房空调气流组织可按下列要求选用：

- 发热量大的通信机房，宜采用下部送风、上部回风方式。用于送风的架空地板的高度应根据送风量计算确定，但其净高不宜低于 350 mm。架空地板和作为空调回风道的吊顶内不应布放通信及电力线缆。
- 采用上送风时，空调送风距离 10 m 以内的，应采用静压箱总风管直接开风口送风或送风帽送风方式；空调送风距离 15 m 以内的，应采用送风管送风方式，风管、送风口的尺寸规格应根据通信设备散热量计算确定。
- 空调送风距离大于 15 m 时，宜采用两侧布置空调室内机的送风方式。
- IDC 数据机房应根据机架设备散热的容量、布置条件要求，选择与其相适应的气流组织形式。

⑥ 空调室内机直接布置在通信机房时，其安全措施应符合下列要求：

- 空调室内机应设置地湿自动报警系统，且报警系统与机房监控系统相连。
- 机房的室内地面应采取防水措施。

2. **通风设计**

① 地下电（光）缆进线室，应采用机械通风措施。排风量应按每小时不少于 5 次换气次数计算。

② 油机房的储油间，应设机械排风系统，排风量按换气次数 10 次/h 计算，排风机应采用防爆型。

③ 无人值守且设有气体自动灭火系统的通信机房，不应设机械排烟系统。

④ 设有气体自动灭火系统的通信机房，无外窗或无可开启外窗时，应设机械排风装置，排风量按换气次数 5 次/h 计算，其通风设备的电源开关应设在通信机房的外面。

⑤ 事后通风系统应与消防系统联动。气体自动灭火过程中，事后通风系统不应开启，灭火后方能开启。

⑥ 防酸式蓄电池室通风设计应符合下列要求：

● 应设置独立的防爆耐腐机械通风设备，且室内不应设置排风机的开关。

● 安装有防酸式蓄电池的电池室，通风量按换气次数 5 次/h 计算，可不做突出屋顶的专用排风道，可通过外墙面直接排至室外。

● 采用风管排风时，宜采用耐腐蚀、非燃烧材料制成的风管。

● 室内应保持负压，排风量应较进风量大 15%～20%。

● 进风量较小时，可在内走道（或封闭外廊）一侧的内墙上开设进风口，进风口宜加设启闭门扇。

● 蓄电池容量较大或室外空气含尘量较多时，进风口应设滤尘装置。

⑦ 阀控式蓄电池室宜设通风系统，通风量按（0.5～1）次/h 计算，平时不用。使用时，应先关闭空调设备。

⑧ 基站综合考虑所处地区的气象环境因素、机房建筑结构、设备布局、设备功耗、空调气流组织等因素，可采用智能通风换气系统。

3. **照明设计**

① 照明方式宜采用一般照明、局部照明和混合照明。照明光源的选择应符合下列规定：

● 照明光源宜采用 T8 或 T5 系列三基色荧光灯作为主要照明的光源。

● 发电机房、水泵房、冷冻机房等的照明宜采用节能灯等高效、节能光源。

● 荧光灯应配置电子镇流器；大功率金卤灯宜配高效电感镇流器。

● 灯具不应布置在油机、配电柜、冷水机组等大型设备正上方。

● 景观、装饰等场所的照明光源可选择 LED 等新型节能光源。

② 通信机房内照明灯具应布置在列间，与列架平行，避开走线架。灯具选择应符合下列规定：

● 通信机房宜选择开敞式带反射罩的灯具，其效率应不小于 75%。

● 生产管理用房应选择效率高的产品，选择的灯具效率应不小于 60%。

③ 阀控式蓄电池室的照明，可按一般通信机房设计。当蓄电池室选用防酸隔爆式蓄电池时，房间灯具采用防爆型安全灯，室内不应安装电气开关、插座等，管线的出口和接线盒等安装时应密封，灯具不应布置在电池组的正上方。

④ 地下电（光）缆进线室应采用具有防潮性能的安全灯，灯开关安装在门外。

⑤ 各房间的照度标准应符合下列规定：

- 照明设计计算点的参考平面为地面或 0.75 m 的水平面。
- 各类通信机房的照度按表 3–6 所列要求值进行设计。

表 3-6　各类通信机房的照度推荐表

序　号	房　间　名　称	被　照　面	照　明　方　式	照度/lx	备注
1	国际、国内长途通信设备机房、汇接局设备机房、关口局设备机房、No.7 信令设备机房、互联网数据中心（IDC）和数据通信设备机房、移动通信设备机房、固定通信设备机房、智能网设备机房、传输设备机房、计费设备机房、网管设备机房、总配线架室	水平面	一般照明	300	
2	网络管理监控中心、计费处理中心、客服呼叫中心、维护中心、值班室	水平面	一般照明	300	
3	营业厅（柜台内）	水平面	一般照明	500	
	营业厅（柜台外）			300	
4	远端接入设备机房、移动通信基站、微波通信设备机房、卫星通信地球站的 HPA 和 GCE 设备机房	水平面	一般照明	200	
5	电力室、高压配电室、低压配电室、蓄电池室、发电机房	水平面	一般照明	200	
6	资料室、换班室	水平面	一般照明	150	
7	空调机房、风机房、泵房、变压器室、电（光）缆进线室	水平面	一般照明	100	

注:本表中未列出的房间，可参照性质相类似的机房照度值。

4. 供电设计

（1）供电设计

供电电源分为市电电源和保证电源。市电电源和保证电源应为 380/220 V TN-S 系统交流电。

由市电电源供电的设施包括正常照明、采暖、室外景观照明、通风、舒适空调等；由保证电源供电的设施主要有保证照明、消防设备、智能化设备、机房专用空调等。

照明种类和供电系统设计应符合下列规定：

① 通信机房照明分为正常照明、保证照明和备用照明。保证照明宜不小于通信机房全部照明的 50%；备用照明宜不小于机房全部照明的 10%，平时可作为保证照明的一部分。

② 在自备发电机容量允许的条件下，规模较小的通信楼的正常照明用电可纳入保证照明系统。

③ 室外景观照明的用电电源应与通信机房照明系统分开。

④ 备用照明宜采用灯具自带的蓄电池或 EPS 集中应急电源供电。

（2）导线选择及敷设

导线型号规格的选择，应根据环境条件、敷设方式、用电设备的要求和产品技术数据等因素确定。一般按下列原则考虑：

① 各种线路（包括电力、照明、弱电等的布线）宜选用铜芯电缆或电线。

② 在通信机房内，各种线缆宜穿钢管或金属线槽明敷设，不宜在楼板内暗敷设。

③ 线缆明敷和暗敷采用的金属管壁厚不应小于 1.5 mm。

④ 线缆截面的选择，一般按线缆长期允许载流量和允许电压损失确定，并考虑环境温度的变化、多根线缆的并列敷设等因素。

⑤ 宜选择低烟、无卤的环保电缆或导线。

各房间应安装带有接地保护的电源插座，其电源不应与照明电源同一回路；电源插座回路应带漏电保护；机房插座的容量、位置按工艺要求设计。

3.1.6　通信机房的防雷与接地

通信机房的防雷与接地应满足以下要求：

① 通信机房所处的建筑物的防雷、接地、雷电过电压保护应符合 YD 5098—2005《通信局（站）防雷与接地工程设计规范》。建筑物直击雷防护设计应符合 GB 50057—2010《建筑物防雷设计规范》的相关要求。

② 建筑物防雷装置中的雷电流引下线宜利用大楼外围各房柱内的外侧主钢筋（不小于两根，直径不小于 $\phi 16$）。钢筋自身上、下连接点应采用搭接焊，其上端应与房顶避雷装置、下端应与地网、中间应与各均压网焊接成为电气连通的近似于法拉第笼式的结构。每层应按工艺专业要求预留接地端子。

③ 楼高超过 30 m 时，楼顶避雷网敷设方式应按屋面构筑物形式及设备布置情况确定：房顶女儿墙应设避雷带，塔楼顶应设避雷针，且避雷网、避雷带、避雷针间应相互多点焊接连通。

④ 楼高超过 30 m 时，应从 30 m 处开始向上每隔一层设置一次均压网。

⑤ 暗装避雷网、各均压网（含基础底层）可利用该层梁或楼板内的两根主钢筋按网格尺寸不大于 10 m×10 m 相互焊接成周边为封闭式的环形带。网格交叉点及钢筋自身连接均应焊接牢靠。

⑥ 通信建筑的接地系统应采用联合接地方式进行设计。

⑦ 电源配电系统的防雷与接地应符合下列要求：

• 交流供电线路应采用地下电力电缆入局，电力电缆应选用具有金属铠装层的电力电缆或将电力电缆穿钢管埋地引入机房，电缆金属护套两端或钢管应就近与地网接地体焊接连通。电力电缆与架空电力线路连接处应设置相应等级的电源避雷器。

• 交流供电线路进入机房后，中性线不得做重复接地。

• 电力变压器初次级及高压柜（10 kV）应安装相应电压电流等级的氧化锌电源避雷器。低压电力线进入配电设备端口处的外侧应安装电源第一级防雷器，电源用防雷器应采用限压型（8/20 μs）SPD，通信建筑不应使用间隙型（开关型）或间隙组合型防雷器。

• 电源防雷器的选择应根据通信建筑类型、所处地理环境、雷暴强度等因素来确定。

• 电源防雷器最大通流容量选择应符合 YD 5098—2005《通信局（站）防雷与接地工程设计规范》。

⑧ 进出入大型通信机房的各类信号线应由地下入局，其信号线金属屏蔽层及光缆内金属结构均应在成端处就近做保护接地。金属芯信号线在进入设备端口处应安装符合相应传输指标的防雷器。

3.1.7　通信机房的静电防护

机房的地板或地面应有静电泄放措施和接地构造，防静电地板、地面的表面电阻或体积电阻值应为 $2.5×10^4 \sim 1.0×10^9$ Ω，且应具有防火、环保、耐污耐磨性能。

不适用防静电活动地板的机房，可铺设防静电地面，其静电耗散性能应能长期稳定，且不应起尘。

机房内的工作台面宜采用导静电或静电耗散材料，其静电性能指标应与防静电地板指标一致。

机房内所有设备的金属外壳、各类金属管道、金属线槽、建筑物金属结构等必须进行等电位连接并接地。

静电接地的连接线应有足够的机械强度和化学稳定性，宜采用焊接或压接。当采用导电胶与接地导体黏结时，其接触面积不宜小于 20 cm^2。

习　题

1. 结合本小节内容，对某给定的机房进行分析与设计。包括：

（1）机房的选址；

（2）机房的土建；

（3）机房的设计；

（4）机房的工作环境；

（5）机房的防雷与接地、静电防护。

2. 阅读下列机房工艺及照明示意图（见图 3-1），结合所学内容，对示意图进行分析。

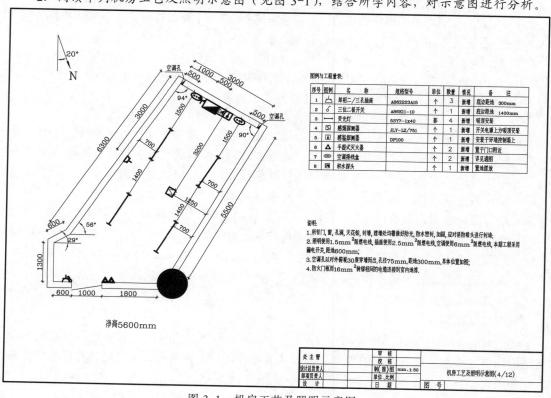

图 3-1　机房工艺及照明示意图

3.2 通信机房设备的布置

3.2.1 通信设备的布置

1. 通信设备的布置原则

设备应根据工艺设计进行布置，应满足系统运行、运行管理、人员操作和安全、设备和物料运输、设备散热、安装和维护的要求。布置设备时，应近、远期结合，既要考虑便于维护，又要考虑适于远期的发展。

设备的布置应使设备之间的各种布线距离最短，同时便于走线；应便于维护、施工和扩容；还应有利于提高机房面积的利用率；要适当考虑机房的整齐和美观。

2. 通信设备的布置

① 设备的排列要便于抗震加固。

② 设备机架列间宜采用面对面或面对背的单面排列方式。当机柜内或机架上的设备为前进风/后出风方式冷却，且机柜自身结构未采用封闭冷风通道或封闭热风通道方式时，机柜或机架的布置宜采用面对面、背对背方式布置。在原有机房装机时，应充分结合原机房设备布置方式。新建机房根据设备情况，在楼层负载允许条件下可采用背靠背双面排列方式。

③ 主设备应排列在同一列内或相对集中，数字配线架（DDF）和光纤配线架（ODF）宜单独成列或相对集中，整个机房的安排应根据走线路由最短，减少路由迂回和交叉为原则。

④ 相互备用的设备应布置在不同的物理隔间内，相互备用的管线宜沿不同路径敷设。

⑤ 机房设备列之间以及走道的宽度应根据机房载荷、设备重量以及维护空间要求决定。一般的标准机房可参照表 3-7 的要求。

表 3-7　一般标准机房设备排列间距

序　号	名　　称	距离/m	备　注
1	主走道	≥1.3	短机列时
		≥1.5	长机列时
2	次走道	≥0.8	短机列时
		≥1.0	长机列时
3	相邻机列面与面之间	1.2～1.4	
4	相邻机列面与背之间	1.0～1.2	
5	相邻机列背与背之间	0.7～0.8	
6	机面与墙之间	0.8～1.0	
7	机背与墙之间	0.6～0.8	

3.2.2 走线架的布置

1. 通信机房的走线架

走线架是机房中专门用来安放、固定和整理线缆的装置，通常用于合理布放通信机房中进出的光缆、电缆、数据缆等，使整个机房的布线整齐有序。走线梯是用来安放、固定和整理竖直方向线缆的走线架。

机房走线架（槽道）一般分为主走线架（槽道）、列走线架（槽道）、过桥走线架（槽道）及电源走线架（槽道）等几种形式。

（1）走线架的分类

① 按走线架（梯）的主材可分为：钢材、铝材。

② 按走线架（梯）的使用场合可分为：室内型、室外型。

（2）走线架的规格

按产品的外形宽度尺寸，走线架（梯）包括以下规格：200 mm、300 mm、400 mm、500 mm、600 mm、700 mm、800 mm、1 000 mm。

用户提出要求并与制造厂协商后，可以生产上述规格以外的产品。图 3-2 所示为走线架与走线槽的结构与实物图。

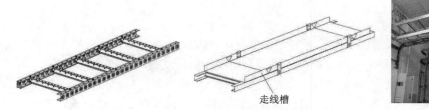

走线槽

图 3-2　走线架与走线槽（道）

（3）走线架的制作要求

① 外观：走线架（梯）表面应光滑、均匀、致密，不得有起皮、气泡、花斑、局部未镀、伤痕等缺陷；应不露出金属基底；色泽应均匀，同一批产品应无明显色差。

② 涂层：走线架（梯）涂层不应有剥离、起皮、凸起等现象。

③ 焊接处：走线架（梯）焊接处表面应均匀，无漏焊、无裂纹、无夹渣、无烧穿、无弧坑。

④ 结构与尺寸：走线架（梯）宽度 ≥800 mm 时，走线架（梯）中间位置应增加 1 条主梁；走线架采用双层结构时，双层高度间隔宜为 250 mm 或 300 mm，立柱或吊杆间隔应不大于 1 500 mm；横档间距应不大于 300 mm，间隔偏差应不超过 ±5 mm。

⑤ 装配要求：走线架（梯）结构应牢固，装配应具有一致性和互换性，紧固件应无松动，外露和操作部位锐边应倒角。机械部分应装卸灵活、可靠。

⑥ 接地要求：走线架（梯）应有完善的接地系统，相邻走线架之间应有可靠的电气连接，连接导线截面积应不小于 6 mm^2，连接电阻应不大于 0.1 Ω。

2. **走线架的安装**

① 列走线架（槽道）安装应符合以下要求：

● 列走线架（槽道）安装在机列上方。走线架宽度不宜超过机列的宽度，槽道宜与机列同宽。

● 列走线架（槽道）应每隔 1 500 mm 左右与机房列架上梁加固，其端部应与列端的连固铁加固。对未装机机列，应设临时立柱支撑。

② 主走线架（槽道）安装应符合以下要求：

● 主走线架（槽道）宜安装在机列的某一机架上方，中心线与该机架中心线重合，以便于部件选用。当分期安装时，应以整档终端。

- 在端墙处主走线架（槽道）应与端墙加固。当端墙为非承重墙时，应设置支撑柱和加固撑梁加固或采用吊挂加固，加固撑梁应一端或两端延长与侧承重墙或房柱加固，然后将主走线架（槽道）与加固撑梁加固。
- 主走线架（槽道）应采用连接件与每机列上梁加固。加固点间距大于 2 000 mm 时，主走线架（槽道）应采取吊挂加固措施。

图 3-3 所示为走线架式双跨机房铁架安装平面示意图。

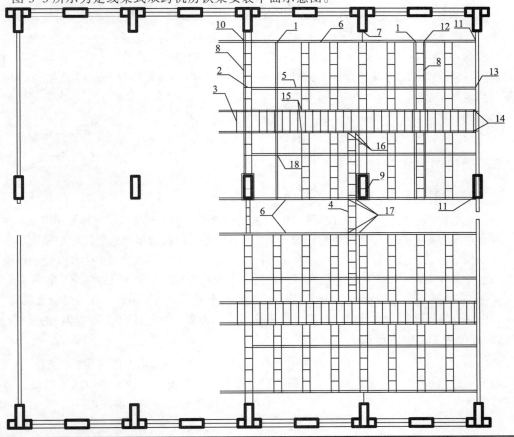

编号	名　称	备　注	编号	名　称	备　注
1	立柱或列柜	空列设临时立柱，对地加固	10	上梁延长代替旁侧撑铁	
2	列走线架	对上梁加固	11	连固铁与端墙或房柱加固	采取相应措施
3	主走线架		12	连固铁与上梁和立柱加固	
4	过桥走线架		13	列间撑铁与端墙加固	采取相应措施
5	列间撑铁	与上梁加固	14	主走线架与端墙加固	采取相应措施
6	连固铁		15	主走线架与上梁加固	
7	旁侧撑铁	与侧承重墙或房柱加固	16	过桥走线架与主走线架加固	
8	上梁	与立柱和连固铁加固	17	过桥走线架与连固铁加固	
9	列架与房柱加固	采取"包柱子"方式	18	临时立柱与上梁加固	

图 3-3　走线架式双跨机房铁架安装平面示意图

③ 过桥走线架（槽道）安装应符合以下要求：

- 宜安装在相邻两机列的列间。
- 过桥走线架（槽道）跨于机房两侧主走线架（槽道）之间时，应采用连接件与机房两侧的连固铁和主走线架（槽道）加固。当加固点间距超过 2 000 mm 时，应采取吊挂加固措施。
- 过桥走线架的位置一般高于主走线架。但对高度为 2 600 mm 的设备，当机房净高为 3 200～3 300 mm 时，过桥走线架（槽道）与主走线架（槽道）应设在同一水平面上并做垂直连接，连接点处应采取吊挂加固措施。

注：YD/T 5026—2005《电信机房铁架安装设计标准》中规定：当机房设有过桥走线架（槽道）且机房净高为 3 200～3 300 mm 时，机房列架最高高度不应大于 3 050 mm：3 300 - 150（布放电缆高度）- 100（维护高度）= 3050 mm。对于 2 600 mm 高的设备：2600 + 100（设备柜顶与列走线架距离）+ 300（列走线架与主走线架之间高度）+ 300（主走线架与过桥走线架之间的高度）= 3 300 mm。

④ 应按照 YD/T 5026—2005《电信机房铁架安装设计标准》的规定安装机房铁架。

3.2.3 通信电源设备的布置

1. 通信电源设备的设计原则

通信电源设备的安装设计应在保证供电质量的前提下，考虑安装、维护和使用方便，注意战时或自然灾害等特殊条件下的通信安全。设计总体方案、设备选型等近期建设规模应与远期发展规划相结合，同时还应根据建设和发展情况、经济效果、设备寿命、扩建和改建的可能等因素，进行多方案技术经济比较，选择可靠性高、工程造价和维护成本低的方案。设计应做到切合实际、技术先进、经济合理、安全适用。扩建和改建工程应充分考虑原有通信设备的特点，合理利用原有建筑、设备和器材，积极采取革新措施，力求达到先进、适用、经济的目标。

2. 通信电源的供电方式

通信用交流电源宜利用市电作为主用电源。通信局（站）宜采用专用变压器。通信局（站）的局内低压供电线路，不宜采用架空线路。对于市电引入线路过长或无市电的通信站，当年日照时数大于 2 000 h，负荷小于 1 kW 时，主用电源宜采用太阳能电源供电。

3. 供电系统的设计

（1）交流供电系统

① 由市电和备用发电机组电源组成的交流供电系统宜采用集中供电方式供电。在满足局（站）用电负荷要求的前提下，应做到接线简单、操作安全、调度灵活、检修方便。低压交流供电系统应采用 TN-S 接线方式。

② 局（站）变压器容量为 630 kV·A 及以上时应设高压配电装置。设有备用市电电源自动投入装置的两路市电引入的供电系统，变压器在 630 kV·A 及以上时，市电自动投入装置应设在高压侧；变压器容量在 630 kV·A 以下时，市电自动投入装置可设在低压侧。

③ 通信局（站）应根据《全国供用电规则》的要求，对于容量较大的备用发电机组，当负荷的功率因数低于 0.7 时，应安装无功功率自动补偿装置，使其功率因数达到 0.8 以上。

④ 通信局（站）所配置的备用发电机组，宜采用自动投入、自动切除、自动补给并具有遥信、遥测、遥控性能和标准的接口及通信协议的自动化机组。

⑤ 要求交流不间断供电的通信负荷，应采用 UPS 供电系统供电；容量小于 10 kV·A 时可采用逆变器供电系统供电。

⑥ 低压市电间、市电与油机之间采用自动切换方式时必须采用具有电气和机械连锁的切换装置；采用手动切换方式时，应采用带灭弧装置的双掷刀闸。

⑦ 自动运行的变配电系统应具备手动操作功能。

（2）直流供电系统

① 由整流配电设备和蓄电池组组成的直流供电系统，对通信设备可采用分散或集中供电方式供电。

② 分散供电方式应根据通信容量、机房分布、维护技术和维护体制等条件，使电源设备尽量靠近负荷中心，并能提供机动灵活的扩容条件。对于大型通信枢纽、大型或重要的通信局（站）或有两个及以上交换系统的交换局，宜采用分散供电方式。

③ 直流供电系统应采用在线充电方式以全浮充制运行。电池浮充电压、电池再充电或均衡充电电压、初充电电压等，均应根据蓄电池种类和通信设备端子电压要求计算确定。一般情况下对各种蓄电池的电压要求应在表 3–8 要求的范围内确定。

表 3-8　各种蓄电池的电压要求

电压要求 电池种类	浮充电压/ （V/cell）	再充电或均衡充电电压/ （V/cell）	初充电电压/ （V/cell）
防酸型铅酸蓄电池	2.16 ~ 2.20*	2.25 ~ 2.35	2.35 ~ 2.40
阀控式密封铅酸蓄电池	2.20 ~ 2.27	2.30 ~ 2.35	2.35

*注：指在电解液密度为 1.215 g/cm³，温度为 25 ℃的条件下，在电解液密度为 1.240 g/cm³，温度为 20 ℃的条件下，浮充电压为 2.20 ~ 2.25 V/cell。

④ 通信局（站）采用用直流基础电源电压为–48 V。–48 V 基础电源和±24 V 直流电源的电压变动范围及杂音电压符合表 3–9 的规定。

表 3-9　–48 V 基础电源和±24 V 电源电压变动范围及杂音电压要求

标准电压/V	电压设备受电端子上电压变动范围/V	衡重杂音/mV	电源杂音电压					
			峰–峰值杂音		宽频杂音（有效值）		离散杂音（有效值）	
			频段/MHz	指标/mV	频段/kHz	指标/mV	频段/kHz	指标/mV
–48	–40 ~ –57	≤2	0 ~ 20	≤200	3.4 ~ 150	≤50	3.4 ~ 150	≤5
							150 ~ 200	≤3
					150 ~ 30 000	≤20	200 ~ 500	≤2
							500 ~ 30 000	≤1
±24	±19 ~ ±29	≤2	0 ~ 20	≤200	3.4 ~ 150	≤50	3.4 ~ 150	≤5
							150 ~ 200	≤3
					150 ~ 30 000	≤20	200 ~ 500	≤2
							500 ~ 30 000	≤1

注：电源杂音电压是指在供电系统电源设备输出端子上的测量值。

4. 电源设备的布置

通信电源各种机房的设置应按实际需要确定。各种机房的功能划分应符合下列要求：

① 高压配电室：安装高压配电设备及操作电源。

② 变压器室：安装变压器设备。

③ 低压配电室：安装低压配电设备和无功功率补偿设备。

④ 变配电室：安装变压器与配电设备。

⑤ 发电机室：安装备用发电机组及附属设备。

⑥ 储油库：储备备用发电机组的用油。储油库的容量应按远期备用发电机组的需要配置。市内的通信局应按不少于连续运行 2 天的储油量配置；郊外的通信局（站）应按不少于连续运行 5 天的储油量配置；储油库容量最大不宜超过 10 t。油源方便的，也可采用油桶储油，油量不应少于连续运行 12 h 用油。

⑦ 电力室：安装通信用的交流配电屏、直流配电屏、整流器、直流-直流变换器、屏式调压（稳压）器、组合式整流配电设备、交流不间断电源及逆变设备等整流配电设备。

⑧ 电池室：安装蓄电池组。使用防酸隔爆蓄电池时，电池室宜附设储酸室，存储硫酸、蒸馏水等。

⑨ 电力电池室：安装电力室和电池室的设备。

⑩ 集中监控室：安装集中监控终端设备。

各种机房除了以上功能划分外，还应注意以下几点：

① 有人通信局（站）一般设置电力值班室。规模容量较大的局（站）还应设置修机室，储藏室等辅助生产房间。

② 电力机房应尽量靠近负荷中心，在条件允许的通信局（站），电力电池室宜与通信机房合设。

③ 在经常发生水灾地区的通信局（站），电源设备应设置在当地水位警戒线以上的机房内或采取其他防水灾措施。

④ 发电机室设备布置应符合下列要求：

- 备用发电机组周围的维护工作走道净宽不应小于 1 m，操作面与墙之间的净宽不应小于 1.5 m。
- 两台相邻机组之间的走道净宽不宜小于机组宽度的 1.5 倍。
- 发电机室内装控制、转换、配电设备时，各设备背面与墙之间的走道净宽不应小于 0.8 m；其正面与设备（或墙）之间的走道净宽不应小于 1.5 m；其侧面与墙之间的走道一般不小于 0.8 m。
- 发电机组的排气管路不宜多于 2 个 90°弯，当排气管路过长或 90°弯头超过 2 个时排气管应加大截面积满足机组排气背压的要求。
- 发电机室根据环保要求采取消噪声措施时，应达到 GB 3096—2008《声环境质量标准》的要求；机组由于消噪声工程所引起的功率损失应小于机组额定功率的 5%。

⑤ 配电屏及各种换流设备的布置应符合下列要求：

- 配电屏及各种换流设备的正面之间的主要走道净宽不应小于 2 m。
- 配电屏及各种换流设备的正面与侧面之间的维护走道净宽不应小于 1.2 m。
- 配电屏及各种换流设备的正面与背面之间的维护走道净宽不应小于 1.5 m。
- 配电屏及各种换流设备的背面与背面之间的维护走道净宽不应小于 1 m。
- 配电屏及各种换流设备可与通信设备同列安装。配电屏及各种换流设备的正面与通信设备的正面或背面之间的走道不应小于 2 m。

- 配电屏及各种换流设备的背面与通信设备的正面或背面之间的净宽应按通信设备相应的布置要求确定。
- 配电屏及各种换流设备的正面与墙之间的主要走道净宽不应小于 1.5 m。
- 配电屏及各种换流设备的背面与墙之间的维护走道净宽不应小于 0.8 m。
- 配电屏及各种换流设备的侧面与墙之间的次要走道净宽不应小于 0.8 m；当为主要走道时，其净宽不应小于 1m。

⑥ 蓄电池组的布置应符合下列要求：

- 立放蓄电池组之间的走道净宽不应小于单体电池宽度的 1.5 倍，最小不应小于 0.8 m；立放双层布置的蓄电池组，其上下两层之间的净空距离为单体电池高度的 1.2～1.5 倍。
- 立放双列布置的蓄电池组，一组电池的两列之间净宽应满足电池抗震架的结构要求。
- 立放蓄电池组侧面与墙之间的次要走道净宽不应小于 0.8 m；当为主要走道时，其净宽不宜小于电池宽度的 1.5 倍，最小不应小于 1 m；立放单层双列布置的蓄电池组可沿墙设置，其侧面与墙之间的净宽一般为 0.1 m。
- 立放蓄电池组一端靠墙设置时，列端电池与墙之间的净宽一般不小于 0.2 m。
- 主放蓄电池组一端靠近机房出入口时，应留有主要走道，其净宽一般为 1.2～1.5 m，最小不应小于 1 m。
- 卧放阀控式蓄电池组的侧面之间的净宽不应小于 0.2 m。
- 卧放阀控式蓄电池组的正面与墙之间，或正面与侧面或背面之间的走道净宽不应小于电池总高度的 1.5 倍，最小不应小于 1.2 m。
- 卧放阀控式蓄电池组的正面与墙之间的走道净宽不应小于电池总高度的 1.5 倍，最小不应小于 1 m。
- 卧放阀控式蓄电池组可靠墙设置，其背面与墙之间的净宽一般为 0.1 m。
- 卧放阀控式蓄电池组的侧面与墙之间的净宽不应小于 0.2 m。

⑦ 阀控式蓄电池组可与通信设备、配电屏及各种换流设备同机房安装，采用电池柜时还可以与设备同列布置；立放阀控式蓄电池组的侧面或列端电池与通信设备、配电屏及各种换流设备的正面之间的主要走道净宽不应小于 2 m；立放阀控式蓄电池组的侧面与通信设备、配电屏及各种换流设备的侧面或背面之间的维护走道净宽不应小于 0.8 m；卧放阀控式蓄电池组的正面与通信设备、配电屏及各种换流设备的正面之间的主要走道净宽不应小于 2 m；卧放阀控式蓄电池组的侧面或背面与通信设备、配电屏及各种换流设备之间的维护走道净宽不应小于 0.8 m，同列安装时可以靠紧。

⑧ 移动通信基站不能满足上述要求时，其设备布置应满足安装、操作及最小维护距离的要求。

⑨ 墙式盘不得安装在暖气散热片的上方或下方。

⑩ 在要求抗震设防的通信局站，加固措施按 YD 5059—2005《电信设备安装抗震设计规范》设计。

⑪ 太阳电池的布置应符合下列要求：

- 太阳电池应尽量靠近负荷中心设置。
- 太阳电池方阵宜布置在平面的机房屋顶或地面支架上。
- 太阳电池方阵四周应留维护走道，净宽不小于 0.8 m。

第3章　通信机房的设计与平面图的绘制

- 太阳电池方阵采光面应向正南放置。方阵前方应无建筑物、树木等遮挡物。太阳电池与遮挡物之间的距离应根据不同地区、不同遮挡时限要求和遮挡物高度计算确定。

- 前后排列的太阳电池方阵，应以前排方阵的高度，根据当地纬度和遮挡时限要求计算两排之间的最小间距。当受面积限制采取提高后排基础高度的办法缩短前后排间距时，基础需要提高的高度应按式（3-1）计算：

$$\Delta H' = (1 - D'/D)\ H \tag{3-1}$$

式中：$\Delta H'$ 为基础需要提高的高度（mm）；D' 为缩短后的前排间距（mm）；H 为前排太阳电池方阵的高度（mm）；D 为原定前后排间距（mm）。

3.2.4　通信机房的综合布线

通信机房的综合布线应符合以下要求：

① 缆线在机房中的敷设方式、布放间距应符合设计要求。

② 机房交流电源线、直流电源线、通信线应按不同路由分开布放，也就是三线分离的原则。

③ 布线距离要求尽量短而整齐，且应考虑不影响今后扩容时设备的安装及线缆布放。

④ 线缆的布放应自然平直，不得扭绞，不宜交叉，不应受外力的挤压和损伤。缆线的布放路由中不得出现缆线接头。

⑤ 缆线两端应贴有标签，应标明编号，标签书写应清晰、端正和正确。标签应选用不易损坏的材料。

⑥ 缆线的弯曲半径应符合下列规定：

- 非屏蔽和屏蔽 4 对对绞电缆的弯曲半径不应小于电缆外径的 4 倍。

- 主干对绞电缆的弯曲半径不应小于电缆外径的 10 倍。

- 2 芯或 4 芯水平光缆的弯曲半径应大于 25 mm；其他芯数的水平光缆、主干光缆和室外光缆的弯曲半径不应小于光缆外径的 10 倍。

- G.657、G.652 用户光缆弯曲半径应符合表 3-10 的规定。

表 3-10　光缆敷设安装的最小曲率半径

光缆类型		静态弯曲
室内外光缆		15D/15H
微型自承式通信用室外光缆		10D/10H 且不小于 30 mm
管道入户光缆	G.652D 光纤	10D/10H 且不小于 30 mm
蝶形引入光缆	G.657A 光纤	5D/5H 且不小于 15 mm
室内布线光缆	G.657B 光纤	5D/5H 且不小于 10 mm

注：D 为缆芯处圆形护套外径，H 为缆芯处扁形护套短轴的高度。

⑦ 缆线应有余量以适应成端、终接、检测和变更，有特殊要求的应按设计要求预留长度，并应符合下列规定：

- 对绞电缆在终接处，预留长度在工作区信息插座底盒内宜为 30 mm～60 mm，电信间宜为 0.5 m～2.0 m，设备间宜为 3 m～5 m。

- 光缆布放路由宜盘留，预留长度宜为 3 m～5 m。光缆在配线柜处预留长度应为 3 m～

5 m，楼层配线箱处光纤预留长度应为 1.0 m～1.5 m，配线箱终接时预留长度不应小于 0.5 m，光缆纤芯在配线模块处不做终接时，应保留光缆施工预留长度。

⑧ 信号网络线缆与电源线缆及其他管线之间的距离应符合应符合表 3-11、表 3-12 的规定。

表 3-11　对绞电缆与电力电缆最小净距（mm）

条　件	最小净距		
	380 V <2 kV·A	380 V 2 kV·A～5 kV·A	380 V >5 kV·A
对绞电缆与电力电缆平行敷设	130	300	600
有一方在接地的金属槽盒或金属导管中	70	150	300
双方均在接地的金属槽盒或金属导管中	10	80	150

注：双方都在接地的槽盒中，系指两个不同的槽盒，也可在同一槽盒中用金属板隔开，且平行长度≤10m。

表 3-12　电缆、光缆暗管敷设与其他管线最小净距（mm）

管线种类	平行净距	垂直交叉净距
防雷专设引下线	1 000	300
保护地线	50	20
热力管（不包封）	500	500
热力管（包封）	300	300
给水管	150	20
燃气管	300	20
压缩空气管	150	20

⑨ 设备跳线应插接，并应采用专用跳线；从配线架至设备间的线缆不得有接头；线缆敷设后应进行导通测试。

⑩ 走线架、走线槽和护管的弯曲半径不应小于线缆最小允许弯曲半径。

⑪ 对于上走线方式，在走线架、走线槽敷设光缆时，对尾纤应用阻燃塑料设置专用槽道，尾纤槽道转角处应平滑、呈弧形；尾纤槽两侧壁应设置下线口，下线口应做平滑处理。光缆的尾纤部分应用软线绑扎。

⑫ 垂直布放线缆时，在线缆的上端和每个 1.5 m 处应固定在线缆支架上；水平布放线缆时，在线缆的首、尾、转弯及每间隔 5 m～10 m 处应进行固定。

⑬ 在水平、垂直走线架或水平、垂直走线槽中敷设线缆时，应对线缆进行绑扎。对绞线缆、光缆及其他信号电缆应根据线缆的类别、数量、缆径、线缆芯数分束绑扎。绑扎间距不宜大于 1.5 m，间距应均匀，松紧应适度。

习　　题

阅读如图 3-4 所示的机房走线架安装示意图，结合本节的内容，对示意图进行分析。

第 3 章　通信机房的设计与平面图的绘制

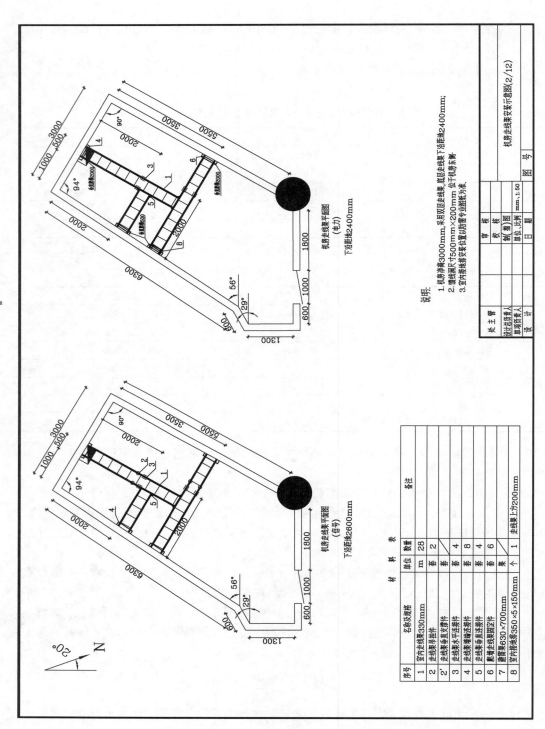

图 3-4 机房走线架安装示意图

说明:

1. 机房净高3000mm, 采用双层走线架。底层走线架下沿距地2400mm;

2. 馈线洞尺寸500mm×200mm, 干机房东侧;

3. 室内接地排安装位置需专业图纸为准。

序号	名称及规格	单位	数量	备注
1	室内走线架330mm	m	28	
2	走线架吊挂件	套	2	
2'	走线架垂直支撑件	套		
3	走线架水平连接件	套	4	
4	走线架墙壁连接件	套	8	
5	走线架垂直连接件	套	4	
6	馈线架630×700mm	套	6	
7	避雷条630×700mm			走线架上方200mm
8	室内接地排350×5×150mm	个	1	

材 料 表

处主管		机房走线架安装示意图(2/12)
设计总负责人	审 核	
单项负责人	校 核	图号
设 计	制(描)图	
	单位 比例 mm,1:50	
	日 期	

3.3 软件绘制机房平面图

3.3.1 基本图形的绘制

1. 绘制直线

直线是通过连接起点和终点形成的线段，两点可以通过输入坐标来定义，也可以直接选取已经存在的点或特殊点来定义。

命令启动方式如下：

- 命令：Line(L)。
- 菜单："绘图"→"直线 ✐"。
- 工具栏："绘图"→ "直线"按钮✐。
- 功能区："常用"选项卡→"绘图"面板→ "直线✐"。

【案例 3-1】绘制如图 3-5 所示的直线。

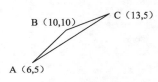

```
命令：_line
指定第一个点：6,5
指定下一点或 [放弃(U)]：@10,10
指定下一点或 [放弃(U)]：@13,5
指定下一点或 [闭合(C)/放弃(U)]：c
```

图 3-5 绘制直线

调用"直线"命令后，在命令行提示下用键盘输入 A 点坐标值后按【Enter】键，继续输入 B 点的坐标值按【Enter】键，系统会自动生成相对于第一点 A 的坐标，用@表示。接着输入 C 点坐标，画线至 C 点，如果图形需要闭合，输入命令"c"，图线从 C 点自动与起始点 A 相连。

除了输入坐标外，也可以直接在绘图区点击指定第一点 A 的位置，拖动鼠标指定方向，输入线段长度直接画 AB 及其他线段。

2. 绘制圆和圆弧

（1）圆

根据确定圆的几何条件，AutoCAD 提供了 6 种绘制圆的方法。

命令启动方式如下：

- 命令：Circle(C)。
- 菜单："绘图"→"圆"。
- 工具栏："绘图"→"圆"按钮。
- 功能区："常用"选项卡→"绘图"面板→"圆 ⊙" 。

启动圆的命令后，有 6 种绘制圆的方法可以选择，图 3-6 分别注释了绘制圆的每一种方法所需的条件，用户可以根据绘图的具体条件选择绘制圆的方法。

（2）圆弧

弧是圆的一部分。一个确定的圆弧比圆具有更多的特性，如圆心、弦长、切线的方向、中心角、半径、起始点、终点等。

命令启动方式如下：

- 命令：Arc(A)。
- 菜单："绘图"→"圆弧"。

第 3 章 通信机房的设计与平面图的绘制

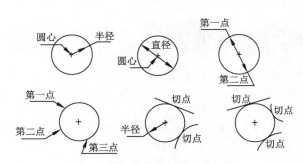

图 3-6 绘制圆的 6 种方法图例

- 工具栏："绘图"→ "圆弧"按钮 。
- 功能区："常用"选项卡→"绘图"面板→"圆弧 "。

AutoCAD 系统根据圆弧的特征量提供了 11 种绘制圆弧的方法，具体操作示意如图 3-7 所示：图中①、②、③表示操作顺序。

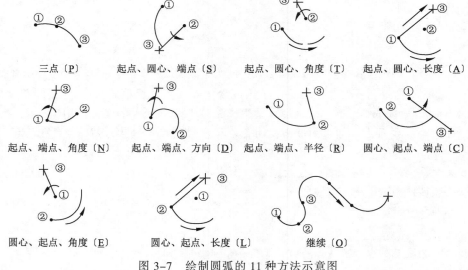

图 3-7 绘制圆弧的 11 种方法示意图

3. 绘制矩形和正多边形

（1）矩形

命令启动方式如下：

- 命令：Rectang(REC)。
- 菜单："绘图"→"矩形"。
- 工具栏："绘图"→"矩形"按钮 。
- 功能区："常用"选项卡→"绘图"面板→"矩形 "。

调用命令后，按提示给出确定矩形位置、大小的两个对角即可。AutoCAD 把用 Rectang 绘制出的矩形当作一个实体，其四条边不能分别编辑。需要编辑时，可用分解命令 explode 将其分解后，再进行编辑。

【案例 3-2】绘制如图 3-8 所示的矩形。

用上述几种方法中的任意一种输入命令后，AutoCAD 会提示：

```
命令: _rectang
指定第一个角点或 [倒角(C)/标高(E)/圆角(F)/厚度
(T)/宽度(W)]:
(鼠标指定任意一点)
指定另一个角点或 [面积(A)/尺寸(D)/旋转(R)]:
@50,30
```

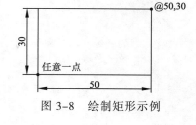

图 3-8   绘制矩形示例

（2）正多边形

正多边形是指由三条或三条以上的线段组成的边长相等的封闭图形。

命令启动方式如下：

- 命令：Polygon(POL)。
- 菜单："绘图"→"多边形 ⬠"。
- 工具栏："绘图"→"多边形"按钮 ⬠。
- 功能区："常用"选项卡→"绘图"面板→"多边形 ⬠"。

正多边形的绘制，系统提供了用内接于圆(I)和外切于圆(C)两种方式，用户可根据需要选择使用，绘制结果如图 3-9 所示。

（a）内接于圆   （a）外切于圆

图 3-9   绘制正六边形示例

用上述几种方法中的任意一种输入命令后，AutoCAD 会提示：

```
命令: _polygon
输入边的数目 <6>:（输入多边形的边数）
指定正多边形的中心点或 [边(E)]:（指定一点）
输入选项 [内接于圆(I)/外切于圆(C)] <I>:（选择多边形的绘制方式）
指定圆的半径:（给出半径）
```

在上例中也可以在命令行提示"指定正多边形的中心点或 [边(E)]"时输入"e"，用指定边长的方式绘制多边形。

4. 绘制椭圆

命令启动方式如下：

- 命令：Ellipse(EL)。
- 菜单："绘图"→"椭圆"。
- 工具栏："绘图"→"椭圆"按钮 ⬭。
- 功能区："常用"选项卡→"绘图"面板→"椭圆 ⬭"。

发出椭圆的绘制命令，给出确定的特征量，便可以画椭圆。椭圆的特征量包括：椭圆中心坐标及长、短轴的长度。给出的特征量不同，绘制椭圆的方法也稍有不同。

基本绘制方式具体操作示意图如图 3-10（a）所示。

操作步骤如下：

命令：_ellipse
指定椭圆的轴端点或 [圆弧(A)/中心点(C)]：（指定一点①）
指定轴的另一个端点：（指定另一点②）
指定另一条半轴长度或 [旋转(R)]：给出一长度值（这时，鼠标自动跟踪椭圆中心，用户只需点击③点，系统将中心到③点的距离作为另一条半轴长度）

若选择"圆弧(A)"项，则可绘制椭圆弧；选择"中心点(C)"项绘制椭圆的方法如图3-10（b）所示。

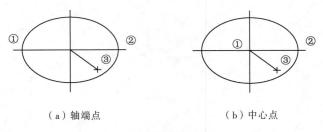

（a）轴端点　　　　　　　　　　　（b）中心点

图3-10　绘制椭圆示例

5. 绘制点

点是最基础的二维对象，在实际设计过程中，直接使用点的情况不多，但它是构成图的最基本要素。在绘制过程中，首先要设置点的样式和大小，然后调用点命令来绘制点。

使用命令ddptype或选择菜单栏中的"格式"→"点样式（P）"命令，可打开"点样式"对话框，如图3-11所示。

默认情况下，点样式是实心闭合小圆，因此通常在屏幕上是看不到的，有时为了辅助绘图，需要更改点的显示样式。在此对话框中，选择点的形状及对点的大小进行设置，然后单击"确定"按钮即可。

绘制点时，命令启动方式如下：

（1）创建单点

● 命令：Point(PO)。

● 菜单："绘图"→"点"→"单点"。

（2）创建多点

● 工具栏："绘图"→"点"按钮 ⊡。

● 菜单："绘图"→"点"→"多点"。

● 功能区："常用"选项卡→"绘图"面板→"多点 ⊡"。

（3）定数等分

● 命令：Divide(DIV)。

● 菜单："绘图"→"点"→"定数等分"。

● 功能区："常用"选项卡→"绘图"面板→"定数等分 ⊠"。

（4）定距等分

● 命令：Measure(ME)。

● 菜单："绘图"→"点"→"定距等分"。

● 功能区："常用"选项卡→"绘图"面板→"定距等分 ⊠"。

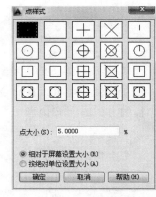

图3-11　"点样式"对话框

【案例 3-3】 将直线 AB 等分为长度均为 19 的若干份线段。

用上述几种方法中的任意一种输入命令后，AutoCAD 会提示：

命令：_measure
选择要定距等分的对象：（用鼠标拾取直线 AB）
指定线段长度或 [块(B)]：19

图 3-12 所示为将直线进行定距等分的结果。当距离不够等分时，剩余距离将不再创建等分点。

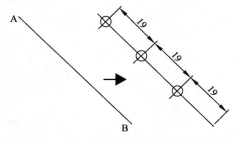

图 3-12　定距等分

3.3.2　图形的编辑

1. 选择编辑对象的方法

（1）点选

点选是系统的默认选择项。在"选择对象："提示下，光标上的十字线变成矩形小框，在操作中，将拾取框光标放在所要选取的对象位置，单击便可选中图形对象，如图 3-13（a）所示，继续单击其他对象便可以选取多个对象；若拾取框光标没有选取在对象上，则自动转入窗口或窗口交叉的选择方式。

（2）窗口选取

窗口选取方式是将完全在窗口内的对象全部选取。在操作中，需要确定窗口的两对角的位置。确定原则是：第一角取在所选取对象的左边，第二角取在所选取对象的右边，则选取的是完全在窗口内的对象，不完全在窗口的对象则不被选中，如图 3-13（b）所示。

（3）窗交选取

窗交选取即矩形窗口交叉选取，其选取方法与窗口相似，但它第一角要取在所选取对象的右边，第二角取在所选取对象的左边，选取包括与窗口相交的和窗口内的全部对象，选取范围比窗口大，如图 3-13（c）所示。

（4）全选

全选，即全部选取图形中所有对象。当调用编辑命令时，命令行提示为"选择对象："时，以 ALL 响应即可。也可以选择菜单"编辑"→"全部选择"命令，选取屏幕中所有可见和不可见的对象，例外的是，当对象冻结或锁定在图层上时则不能选中。

不论用哪一种方式选取对象，选中的对象都以虚线显示，并且在命令行区出现对象被选取的信息和下一次选取对象的提示信息。

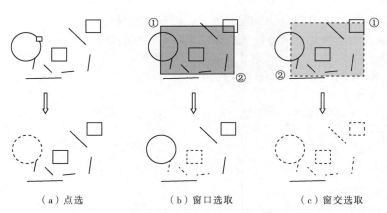

（a）点选　　　　　　　　（b）窗口选取　　　　　　　（c）窗交选取

图 3-13　点选、窗口选取、窗交选取对象图例

2. 调整对象

（1）删除对象

在绘制图形中经常需要删除没用的或错误的图形对象。

命令启动方式如下：

- 命令：Erase(E)。
- 菜单："修改"→"删除"。
- 工具栏："修改"→"删除"按钮 ✐。
- 功能区："常用"选项卡→"修改"面板→"删除 ✐"。

也可选择要删除的对象，在绘图区中右击，然后选择"删除"命令，或者选择要删除的对象并按键盘的【Delete】键删除。

用上述几种方法中的任一种输入命令后，AutoCAD 会提示：

命令：_erase
选择对象：（选择需要删除的对象）指定对角点：找到 x 个
选择对象：

用户如果想要继续删除实体可在"选择对象："的提示下继续选取要删除的对象。

（2）放弃和重做操作

系统提供了图形的恢复功能，利用图形恢复功能可以对绘图过程中的错误操作进行撤销，可以使用命令 Undo；也可以选择"编辑"→"放弃 ⟲"命令；还可以单击工具栏中的"标准"→"放弃 ⟲"按钮。

重做命令和放弃命令正好相反，重做命令可以执行放弃的操作，可以使用命令 Redo；也可以选择"编辑"→"重做 ⟳"命令；还可以单击工具栏中的"标准"→"重做 ⟳"按钮。

（3）移动对象

移动命令是指在指定方向上按指定距离移动对象。

命令启动方式如下：

- 命令：Move(M)。
- 菜单："修改"→"移动"。
- 工具栏："修改"→"移动"按钮 ✥。
- 功能区："常用"选项卡→"修改"面板→"移动 ✥"。

【案例 3-4】完成如图 3-14 所示的正五边形的移动操作，操作步骤如下：

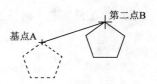

图 3-14　移动命令操作示意图

```
命令: _move
选择对象: (点选正五边形) 找到 1 个
选择对象:
指定基点或 [位移(D)] <位移>: (鼠标点击 A 点)
指定第二个点或 <使用第一个点作为位移>: (鼠标点击 B 点)
```

（4）旋转对象

旋转命令是指将对象绕某一点进行旋转，可以旋转移动或旋转复制。在 AutoCAD 系统中，默认情况下，逆时针方向为正角。

命令启动方式如下：

● 命令：Rotate(RO)。

● 菜单："修改"→"旋转"。

● 工具栏："修改"→"旋转"按钮 ○。

● 功能区："常用"选项卡→"修改"面板→"旋转 ○"。

也可以用快捷菜单，选择要旋转的对象。在绘图区域中右击，在弹出的快捷菜单中选择"旋转"命令。命令行提示：

```
命令: _rotate
UCS 当前的正角方向: ANGDIR=逆时针 ANGBASE=0
选择对象: (点选要旋转的对象)
选择对象:
指定基点: (指定基点)
指定旋转角度, 或 [复制(C)/参照(R)] <0>: (输入角度)
```

在输入旋转角度时要了解系统默认设置：绕基点旋转，逆时针为正，顺时针为负。

3. 对象的复制

（1）复制对象

复制图形对象，可以得到不同位置，但大小和形状与原图形完全一样的一个或多个图形。在绘图中多用于相同的零件、元器件在同一张图纸中同时出现的绘制，可以大大提高绘图效率。

命令启动方式如下：

● 命令：Copy(CO)。

● 菜单："修改"→"复制"。

● 工具栏："修改"→"复制"按钮 ％。

● 功能区："常用"选项卡→"修改"面板→"复制 ％"。

【案例 3-5】完成复制图形 1 的操作，如图 3-15 所示（图中"1"为原图；"2"为复制后的图形）。

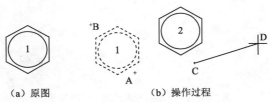

图 3-15　复制图形过程示意图

用上述几种方法中的任意一种输入命令后，AutoCAD 会提示：

命令：_copy
选择对象：　（点取 A 点）
指定对角点：（点取 B 点）　找到 2 个
选择对象：
当前设置：复制模式＝多个
指定基点或 [位移(D)/模式(O)] <位移>：　（点取 C 点）
指定第二个点或 [阵列(A)] <使用第一个点作为位移>：（点取 D 点）
指定第二个点或 [阵列(A)/退出(E)/放弃(U)] <退出>：

【案例 3-6】使用复制命令中的阵列选项，将图 3-16 所示的小圆 A，等距离复制成 3 个相距为 30 的圆。

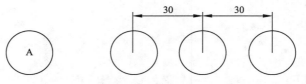

图 3-16　等距离复制图形过程示意图

命令：_copy
选择对象：（点选小圆 A）
选择对象：
当前设置：复制模式 = 多个
指定基点或 [位移(D)/模式(O)] <位移>：（点选小圆 A 圆心）
指定第二个点或 [阵列(A)] <使用第一个点作为位移>：a
输入要进行阵列的项目数：3
指定第二个点或 [布满(F)]：30
指定第二个点或 [阵列(A)/退出(E)/放弃(U)] <退出>：

（2）镜像对象

在绘图过程中常需绘制对称图形，在 AutoCAD 中，用户只要绘出对称图形的一半，然后使用镜像命令复制出对称的另一半即可，又快又准确。

命令启动方式如下：

● 命令：Mirror(MI)。
● 菜单："修改"→"镜像"。
● 工具栏："修改"→"镜像"按钮 ⚏。
● 功能区："常用"选项卡→"修改"面板→ "镜像⚏"。

【案例 3-7】对图形 1 进行镜像操作，如图 3-17 所示。

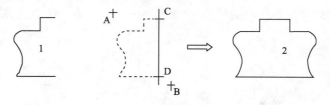

（a）原图　　　　　　　　　（b）操作过程及结果

图 3-17　镜像命令操作过程示意图

用上述几种方法中的任意一种输入命令后，AutoCAD 会提示：

命令：_mirror
选择对象： （点取 A 点）
指定对角点： （点取 B 点）找到 6 个
选择对象：
指定镜像线的第一点： （点取 C 点）
指定镜像线的第二点： （点取 D 点）
要删除源对象吗？[是(Y)/否(N)] <N>：

操作中指定的 C 点和 D 点是构成图形镜像的对称线。而提示中"要删除源对象吗？[是(Y)/否(N)] <N>："默认为不删除，直接按【Enter】键。如果在此输入 Y 后再按【Enter】键，则图形镜像后，源对象被删除。

（3）偏移对象

"偏移"也是复制命令的一种，用它复制出的图形与原图形之间有偏移，即"偏移"命令是用来创建一个与原图形相同或相似的另一个图形。

命令启动方式如下：

- 命令：Offset(O)。
- 菜单："修改"→"偏移"。
- 工具栏："修改"→"偏移"按钮 。
- 功能区："常用"选项卡→"修改"面板→"偏移 "。

【案例 3-8】 将图形 1 向外偏移距离为 10，如图 3-18 所示。

当调用"偏移"命令时，系统提示如下：

命令：_offset
当前设置：删除源=否 图层=源 OFFSETGAPTYPE=0
指定偏移距离或 [通过(T)/删除(E)/图层(L)] <通过>：10
选择要偏移的对象，或 [退出(E)/放弃(U)] <退出>：（在原图中拾取任意点 A）
指定要偏移的那一侧上的点，或 [退出(E)/多个(M)/放弃(U)] <退出>：
（在图形外侧拾取任意点 B）
选择要偏移的对象，或 [退出(E)/放弃(U)] <退出>：

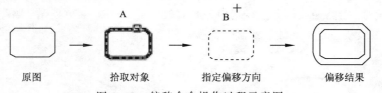

图 3-18 偏移命令操作过程示意图

使用偏移命令时，选择要偏移的对象，只能用点拾取方式选取图形。

（4）阵列复制对象

阵列复制对象可以以矩形、路径或环形方式复制对象。

命令启动方式如下：

- 命令：Array(AR)。
- 菜单："修改"→"阵列"。
- 工具栏："修改"→"阵列"按钮 ⊞。
- 功能区："常用"选项卡→"修改"面板→"阵列 ⊞"。

① 矩形阵列：

【案例 3-9】将图 3-19 中的原形通过"矩形阵列"，复制为 4 行、8 列，其中行偏移为 8，列偏移为 12，阵列角度为 0°。

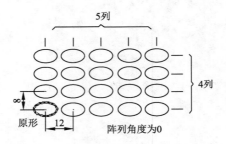

图 3-19　矩形阵列示意图

具体操作过程如下：

命令：_arrayrect
选择对象：（点取椭圆）
选择对象：
类型=矩形　关联=是
选择夹点以编辑阵列或 [关联(AS)/基点(B)/计数(COU)/间距(S)/列数(COL)/行数(R)/层数(L)/退出(X)] <退出>：r
输入行数数或 [表达式(E)] <3>：4
指定行数之间的距离或 [总计(T)/表达式(E)] <15>：8
指定行数之间的标高增量或 [表达式(E)] <0>：
选择夹点以编辑阵列或 [关联(AS)/基点(B)/计数(COU)/间距(S)/列数(COL)/行数(R)/层数(L)/退出(X)] <退出>：col
输入列数数或 [表达式(E)] <4>：5
指定列数之间的距离或 [总计(T)/表达式(E)] <15>：12
选择夹点以编辑阵列或 [关联(AS)/基点(B)/计数(COU)/间距(S)/列数(COL)/行数(R)/层数(L)/退出(X)] <退出>：

如果输入层数及层距，可以在三维空间阵列复制。

② 路径阵列：沿路径或部分路径均匀分布对象副本，如图 3-20 所示。路径可以是直线、多段线、三维多段线、样条曲线、螺旋、圆弧、圆或椭圆。

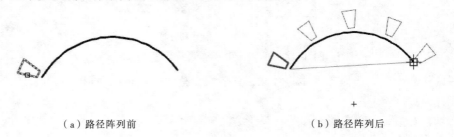

（a）路径阵列前　　　　　　　　　　　　　（b）路径阵列后

图 3-20　路径阵列示意图

③ 环形阵列：绕某个中心点或旋转轴形成的环形图案平均分布对象副本。

【案例 3-10】将图 3-21 中左侧的原形进行"环形阵列"，阵列中心为圆心，阵列后五角星个数为 7 个，阵列角度为 270°

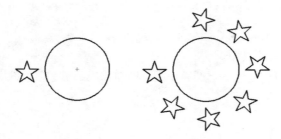

图 3-21　环形阵列示意图

具体操作过程如下：

命令：_arraypolar
选择对象：（选择左侧原图中的五角星）
选择对象：
类型=极轴　关联=是
指定阵列的中心点或 [基点(B)/旋转轴(A)]：（选择左侧原图中的圆心）
选择夹点以编辑阵列或 [关联(AS)/基点(B)/项目(I)/项目间角度(A)/填充角度(F)/行(ROW)/层(L)/旋转项目(ROT)/退出(X)] <退出>：i
输入阵列中的项目数或 [表达式(E)] <6>：7
选择夹点以编辑阵列或 [关联(AS)/基点(B)/项目(I)/项目间角度(A)/填充角度(F)/行(ROW)/层(L)/旋转项目(ROT)/退出(X)] <退出>：f
指定填充角度(+=逆时针、-=顺时针)或 [表达式(EX)] <360>：270
选择夹点以编辑阵列或 [关联(AS)/基点(B)/项目(I)/项目间角度(A)/填充角度(F)/行(ROW)/层(L)/旋转项目(ROT)/退出(X)] <退出>：

阵列后的图形是一个整体，如果要对其进行编辑操作，需要先使用"分解"命令将其分解。

4. 修改对象的形状和大小

（1）修剪

修剪命令可以剪去图形对象中超出所选定的边界的多余部分。就像剪刀裁剪物品一样，图形对象就相当于被裁剪的物品，而被定义的边界就相当于剪刀。

命令启动方式如下：

- 命令：Trim(TR)。
- 菜单："修改"→"修剪"。
- 工具栏："修改"→"修剪"按钮 。
- 功能区："常用"选项卡→"修改"面板→"修剪 "。

① 手动边界修剪：在修剪时手动添加边界对象。具体操作是在命令行输入 TR→空格后，手动选取作为修剪边界的图素，确定后再选择要修剪的图素，系统将以修剪边界的图素为界，将被剪切对象上位于拾取点一侧的部分剪切掉。"修剪"操作示意图如图 3-22 所示。

用上述几种方法中的任一种输入命令后，AutoCAD 会提示：

命令：_trim
当前设置:投影=UCS，边=无
选择剪切边...
选择对象或 <全部选择>：（手动点选 A 点）找到 1 个
选择对象：

选择要修剪的对象，或按住 Shift 键选择要延伸的对象，或 [栏选(F)/窗交(C)/投影(P)/边(E)/删除(R)/放弃(U)]：（手动点选 B 点）
选择要修剪的对象，或按住 Shift 键选择要延伸的对象，或[栏选(F)/窗交(C)/投影(P)/边(E)/删除(R)/放弃(U)]：

作为剪切边的对象可以是直线、圆弧、圆、椭圆或椭圆弧、多段线、样条曲线、构造线、射线以及文字等。

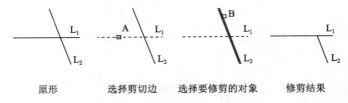

图 3-22　修剪命令默认操作示意图

② 自动边界修剪：修剪时用户可以不选择修剪边界对象，而是系统自动侦测边界进行修剪。具体操作是在命令行输入 TR→空格后，系统提示选取边界时，不要选取边界，而是按空格键或【Enter】键。此时，系统会把绘图区内的所有图素作为潜在的修剪边界，在进行"选择要修剪的对象"时，凡是与所选要修剪的对象相交的对象，将自动被系统设为边界进行修剪。

（2）延伸

延伸命令是将没有达到边界线的对象延伸到边界线上，其操作对象是直线或弧。即拉长直线或弧，使其与其他的实体相接。"延伸"操作示意图如图 3-23 所示。

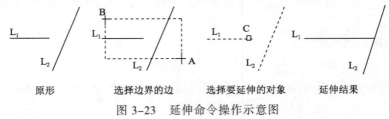

图 3-23　延伸命令操作示意图

命令启动方式如下：
● 命令：Extend (EX)。
● 菜单："修改" → "延伸"。
● 工具栏："修改" → "延伸"按钮 ￣/。
● 功能区："常用"选项卡→"修改"面板→"延伸￣/"。

用上述几种方法中的任一种输入命令后，AutoCAD 会提示：

命令：_extend
当前设置:投影=UCS，边=无
选择边界的边...
选择对象或 <全部选择>：（窗叉全选，先拾取 A，再拾取 B）找到 1 个
选择对象：
选择要延伸的对象，或按住 Shift 键选择要修剪的对象，或[栏选(F)/窗交(C)/投影(P)/边(E)/放弃(U)]：（点选 C 点）
选择要延伸的对象，或按住 Shift 键选择要修剪的对象，或[栏选(F)/窗交(C)/投影(P)/边(E)/放弃(U)]：

延伸命令操作的提示与修剪相近，可参照修剪命令说明。

在延伸操作中要注意：被延伸的对象点取的位置，应取靠近延伸边界线的点。若以带有宽度的多义线作边界线，则系统以多义线的中心为延伸边界线。

（3）缩放

放大或缩小选定对象，使缩放后的图形不改变原对象的形状。

命令启动方式如下：

● 命令：Scale (SC)。

● 菜单："修改"→"缩放"。

● 工具栏："修改"→"缩放"按钮 ▢。

● 功能区："常用"选项卡→"修改"面板→"缩放 ▢"。

① 指定缩放的比例因子："指定比例因子"选项为默认选项。输入比例因子后，系统将根据该值相对于基点缩放对象。"缩放"操作示意图如图 3-24 所示。

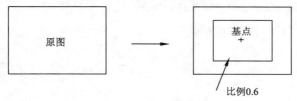

图 3-24　缩放命令操作示意图

比例因子大于 1 时将放大对象，比例因子介于 0 和 1 之间时将缩小对象。

② 指定参照：在某些情况下，相对于另一个对象来缩放对象比例，比"指定比例因子"更容易。例如，想改变某一对象的大小，使它与另一对象的一个尺寸匹配，或者比例因子是除不尽的小数时，可选择"参照（R）"选项。

【案例 3-11】将图 3-25 中边长为 30 的多边形，缩放为边长为 60 的多边形。

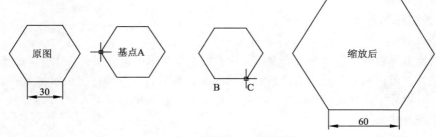

图 3-25　缩放命令操作示意图

```
命令：_scale
选择对象：（点选原图）找到 1 个
选择对象：
指定基点：（点选 A 点）
指定比例因子或 [复制(C)/参照(R)]：r
指定参照长度 <1.0000>：（点选 B 点）指定第二点：（点选 C 点）
指定新的长度或 [点(P)] <1.0000>：60
```

（4）拉伸

拉伸命令的实质是在某一个方向上，将原图形修改成它的类似图形的操作。通过移动图形对象的指定部分，同时保持着移动部分与不动部分的连接，达到改变图形形状的目的。

命令启动方式如下：

- 命令：Stretch(S)。
- 菜单："修改"→"拉伸"。
- 工具栏："修改"→"拉伸"按钮。
- 功能区："常用"选项卡→"修改"面板→"拉伸"。

用上述几种方法中的任一种输入命令后，AutoCAD 会提示：

```
命令：_stretch
以交叉窗口或交叉多边形选择要拉伸的对象...
选择对象：（鼠标点取 A 点）
指定对角点：（鼠标点取 B 点）找到 1 个
选择对象：
指定基点或 [位移(D)] <位移>：（鼠标点取 C 点）
指定第二个点或 <使用第一个点作为位移>：（鼠标点取 D 点）
```

"拉伸"操作示意图如图 3-26 所示。

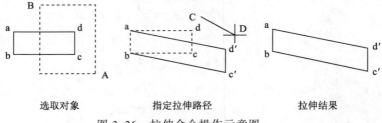

选取对象　　　　　　指定拉伸路径　　　　　　拉伸结果

图 3-26　拉伸命令操作示意图

在"拉伸"命令中，选择要拉伸的对象时，一定要用交叉窗口或交叉多边形的方式。如果不是用交叉窗口或交叉多边形选择的对象，或选取对象全部都在交叉窗口内，则此命令等同于"移动"命令。

5. 拆分和修饰对象

（1）分解对象

分解对象就是将一个整体的复杂对象，转换成一个个单一组成对象。分解多段线、矩形、多边形、圆环，可以将其简化成直线段和圆弧对象，然后可以分别进行编辑修改；如果是带属性的块，分解后图形的属性将消失，并被还原为属性定义的选项。

命令启动方式如下：

- 命令：Explode(X)。
- 菜单："修改"→"分解"。
- 工具栏："修改"→"分解"按钮　。
- 功能区："常用"选项卡→"修改"面板→"分解　"。

（2）倒角

命令启动方式如下：

- 命令：Chamfer(CHA)。
- 菜单："修改"→"倒角"。
- 工具栏："修改"→"倒角"按钮　。

● 功能区："常用"选项卡→"修改"面板→"倒角◻"。

在进行"倒角"操作之前，需要确定倒角距离。如图 3-27 所示，倒角的具体操作如下：

命令：_chamfer
("修剪"模式) 当前倒角距离 1=0.0000，距离 2=0.0000
选择第一条直线或 [放弃(U)/多段线(P)/距离(D)/角度(A)/修剪(T)/方式(E)/多个 M)]：d
指定第一个倒角距离 <0.0000>：5
指定第二个倒角距离 <5.0000>：8
选择第一条直线或 [放弃(U)/多段线(P)/距离(D)/角度(A)/修剪(T)/方式(E)/多个(M)]：
（点选第一条直线）
选择第二条直线，或按住 Shift 键选择要应用角点的直线：（点选第二条直线）

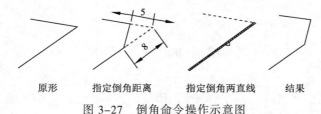

原形　　　　指定倒角距离　　指定倒角两直线　　结果

图 3-27　倒角命令操作示意图

（3）圆角

圆角命令是用具有指定半径的圆弧与对象相切的方式连接两个对象的操作。

命令启动方式如下：

● 快捷键：Fillet(F)。

● 菜单："修改"→"圆角"。

● 工具栏："修改"→"圆角"按钮 ◻。

● 功能区："常用"选项卡→"修改"面板→"圆角◻"。

用上述几种方法中的任意一种输入命令后，AutoCAD 会提示：

命令：_fillet
当前设置：模式=修剪，半径=0.0000
选择第一个对象或 [放弃(U)/多段线(P)/半径(R)/修剪(T)/多个(M)]：r
指定圆角半径 <0.0000>：（输入半径值）
选择第一个对象或 [放弃(U)/多段线(P)/半径(R)/修剪(T)/多个(M)]：（点选一条边）
选择第二个对象，或按住 Shift 键选择对象以应用角点或 [半径(R)]：（点选另一条边）

AutoCAD 就会按指定的圆角半径对其倒圆角。

其他选项含义：

● 多段线(P)：对二维多义线倒圆角。

● 半径(R)：确定要倒圆角的圆角半径。

● 修剪(T)：确定倒圆角是否修剪边界。

● 多个(M)：顺序执行多个操作。

（4）打断

使用该命令可以将一个对象断开或将其截掉一部分。打断的对象可以是直线、多段线、圆弧、园、射线和构造线。"打断"操作示意图如图 3-28 所示。

命令启动方式如下：

● 命令：Break (BR)。

- 菜单："修改"→"打断"。
- 工具栏："修改"→"打断"按钮 □。
- 功能区："常用"选项卡→"修改"面板→ "打断□"。

用上述几种方法中的任一种输入命令后，AutoCAD 会提示：

命令：_break
选择对象：（点选 A 点）
指定第二个打断点 或 [第一点(F)]：（点选 B 点）

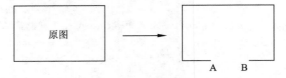

图 3-28　打断命令操作示意图

6. 夹点编辑

夹点是指对象上的控制点。当选中一个图形时，图形亮显的同时会显示一些蓝色的小方框，这些用来标记被选中对象的小方框就是夹点。对于不同的对象，用来控制其特征的夹点的形状、位置和数量也不同，如图 3-29 所示。

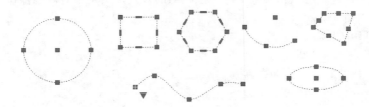

图 3-29　常见图形对象的夹点图例

（1）拉伸模式

当单击对象上的夹点时，系统便直接进入"拉伸"模式。此时命令行将显示如下提示信息：

选择对象：（点选原图）找到 1 个
选择对象：
指定基点：（点选 A 点）
指定比例因子或 [复制(C)/参照(R)]：r
** 拉伸 **
指定拉伸点或 [基点(B)/复制(C)/放弃(U)/退出(X)]：

默认情况下，指定拉伸点（可以通过输入点的坐标或直接用鼠标点击拾取）后，位于拉伸点上的对象被拉伸或移动到新的位置。

如图 3-30 所示，单击夹点 A，进入拉伸模式，指定拉伸点 B，直线即被拉伸。

下面对各项进行说明：

- 基点(B)：重新确定拉伸的基点。
- 复制(C)：允许用户连续进行多次拉伸重复操作。每指定一个点，就在这点复制出一个图形。

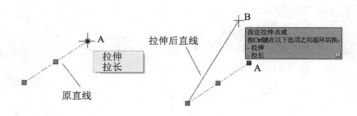

图 3-30　拉伸或拉长

- 放弃(U)：取消上一次的操作。

- 退出(X)：退出拉伸操作。按空格或【Enter】键亦可。

（2）移动模式

在夹点编辑模式下，确定基点后，直接按【Enter】键或输入字母 MO 后按【Enter】键，系统进入移动模式，命令行将提示如下信息：

```
** MOVE **
指定移动点 或 [基点(B)/复制(C)/放弃(U)/退出(X)]:
```

默认情况下，指定移动方向和距离后，即可将对象沿指定的方向移动用户输入的距离，也可以选择"复制(C)"选项，以复制的方式移动对象。

（3）旋转模式

在夹点编辑模式下，确定基点后，直接按两次【Enter】键或输入字母 RO 后按【Enter】键，系统进入旋转模式，命令行将提示如下信息：

```
** 旋转 **
指定旋转角度或 [基点(B)/复制(C)/放弃(U)/参照(R)/退出(X)]:
```

默认情况下，输入旋转的角度值或通过拖动方式确定旋转角度后，即可将对象绕基点旋转指定的角度。也可以选择"参照(R)"选项，以参照方式旋转对象。

（4）缩放模式

在夹点编辑模式下，确定基点后，直接按三次【Enter】键或输入字母 SC 后按【Enter】键，系统进入缩放模式，命令行将提示如下信息：

```
** 比例缩放 **
指定比例因子或 [基点(B)/复制(C)/放弃(U)/参照(R)/退出(X)]:
```

默认情况下，输入比例因子，即可将对象缩放。

（5）镜像模式

在夹点编辑模式下，确定基点后，直接按 4 次【Enter】键或输入字母 MI 后按【Enter】键，系统进入镜像模式，此时可以将对象进行镜像。

3.3.3　CAD 绘图应用示例

CAD 绘制图纸，一般需要如下几个步骤：

① 开机进入 AutoCAD，选择"文件"→"新建"命令给图形文件命名。

② 设置绘图环境，如绘图界限、尺寸精度等。

③ 设置图层、线型、线宽、颜色等。

④ 使用绘图命令或精确定位点的方法在屏幕上绘图。

第 3 章　通信机房的设计与平面图的绘制

⑤ 使用编辑命令修改图形。

⑥ 图形填充及标注尺寸，填写文本。

⑦ 完成整个图形后，选择"文件"→"保存"命令进行存盘，然后退出 AutoCAD。

【案例 3-12】绘制如图 3-31 所示的平面图形（不标注尺寸）。

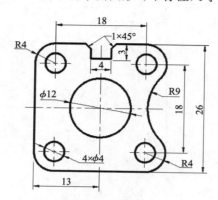

图 3-31　平面图形

首先要认真细致地观察图形，分析图形的构成，考虑绘制先后顺序。图 3-31 所示的平面图形，主要是由圆、圆弧、圆角和直线构成；涉及的线型有点画线和粗实线，对此给出绘图的参考步骤如下：

1. 打开 AutoCAD2014 绘图界面

选择"文件"→"新建"命令，定义图形名称为 Plane1。

2. 设置绘图环境

参照前面介绍的图形界限的设置方法，选择"格式"→"图形界限"命令，设置 A4 图纸幅面。

3. 设置图层及线型等

在绘制的平面图形中，因不需要标注尺寸，所以图形中只涉及两种线型，即中心线（点画线）和外轮廓线（粗实线）。图层设置结果如图 3-32 所示。

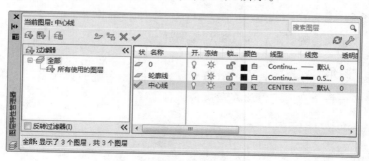

图 3-32　平面图形图层设置结果

4. 绘制平面图形

① 根据图形在图纸中的位置，调用中心线图层，按下列步骤在适当的位置画中心线，如图 3-33 所示。

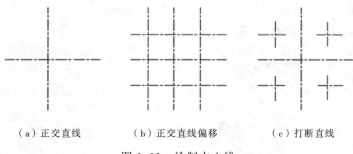

（a）正交直线　　　　　（b）正交直线偏移　　　　（c）打断直线

图 3-33　绘制中心线

图 3-33（a）：调用"直线"命令，在适当位置绘制两条正交直线，并利用缩放命令调整当前显示。

图 3-33（b）：调用"偏移"命令，设置偏移距离为 9；将两条正交直线分别向上、下和左、右进行偏移。

图 3-33（c）：调用"打断"命令，分别将上、下、左、右 4 条直线打断并用"夹点"拉伸整理。

② 切换图层到轮廓线图层，按下列步骤绘制图形轮廓线，如图 3-34 所示。

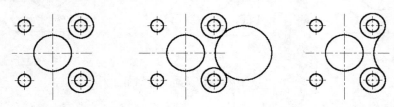

（a）绘制半径为 2 的圆　　（b）绘制半径为 9 的圆　　（c）剪切到半径为 9 的圆的右侧

图 3-34　绘制图轮廓线

图 3-34（a）：调用"圆"命令，在图示的位置分别绘制出 4 个半径为 2 的圆；2 个半径为 4 的圆和一个位于中心，半径为 6 的圆（也可以每种尺寸绘制一个圆，然后"复制"）。

图 3-34（b）：调用"圆"命令，选择"相切、相切、半径"选项，绘制半径为 9 的圆，分别与相邻圆相切。

图 3-34（c）：调用"修剪"命令，分别以半径为 4 的 2 个圆做剪切边，将半径为 9 的圆的右侧剪掉。

③ 绘制直线、圆角和修剪圆弧连接，如图 3-35 所示。

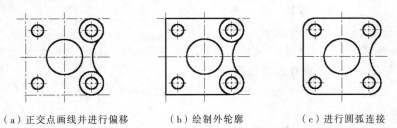

（a）正交点画线并进行偏移　　（b）绘制外轮廓　　　（c）进行圆弧连接

图 3-35　绘制直线、圆角和修剪圆弧连接

图 3-35（a）：调用"偏移"命令，设置偏移距离为 13；将中心的两条正交点画线分别向

上、下和左进行偏移。

图 3-35（b）：切换图层到"轮廓线"层，绘制外轮廓。

图 3-35（c）：调用"圆角"命令，分别将图形中的两个直角倒成 R4 的圆角，再用"修剪"命令，修剪完成图形右侧的圆弧连接。

④ 绘制槽及槽上的倒角，如图 3-36 所示。（采用临时追踪的画图方法）

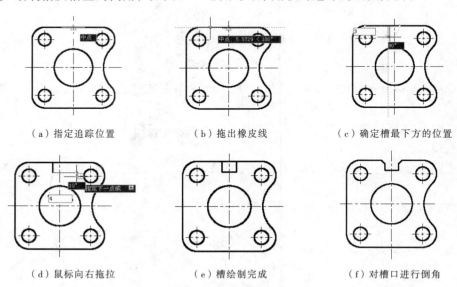

（a）指定追踪位置　　　　　　　（b）拖出橡皮线　　　　　　　（c）确定槽最下方的位置

（d）鼠标向右拖拉　　　　　　　（e）槽绘制完成　　　　　　　（f）对槽口进行倒角

图 3-36　绘制槽及槽上的倒角

将轮廓线层置为当前层。单击"绘图"→ "直线"按扭✐，指定追踪位置，如图 3-36（a）所示的中点；鼠标向左推移，拖出一条橡皮线，如图 3-36（b）所示；输入距离 3 mm，按【Enter】键，得到槽最下方的位置，如图 3-36（c）所示；鼠标向右拖拉，输入距离 4 mm，按【Enter】键，如图 3-36（d）所示；鼠标指向上方，输入距离 3 mm，按【Enter】键，完成槽的绘制，如图（e）所示。

调用"修剪"命令，对图形进行修剪，调用"倒角"命令，并设置倒角距离为 1，将槽口进行倒角处理，如图 3-36（f）所示。

⑤ 存盘后退出。

习　　题

1. 打开 AutoCAD 2014 绘图界面，选择"文件"→"新建"命令，定义图形名称为：机房设备布置平面图。

2. 设置绘图环境。参照前面介绍的图形界限的设置方法，选择"格式"→"图形界限"命令，根据实际情况，设置合理的绘图范围。

输入"Z"（缩放命令）→"A"（全部显示命令），显示全图，便于定位。

3. 设置图层及线型等。设置粗实线、虚线和细实线图层。

4. 参考案例 3-12，综合运用绘图和修改命令，并结合 3.1 节与 3.2 节的知识，绘制机房设备布置平面图（不做尺寸标注），如图 3-37 所示。

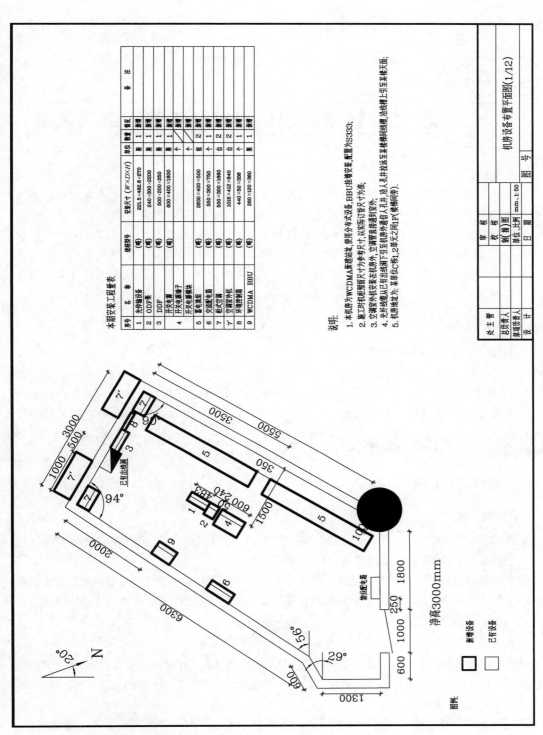

本期安装工程量表

序号	名 称	规格型号	安装尺寸 (W×D×H)	单位	数量	情况	备 注
1	光传输设备	(略)	221.5×482.6×270	架	1	新增	
2	ODF架	(略)	240×300×2200	架	1	新增	
3	DDF	(略)	500×200×250	架	1	新增	
4	开关电源	(略)	600×400×1600	个	1	新增	
	开关电源辅子	(略)		个		新增	
5	蓄电池组	(略)	2830×400×500	组	2	新增	
6	交流配电箱	(略)	550×300×750	个	1	新增	
7	柜式空调	(略)	500×300×1660	台	2	新增	
7'	空调室外机	(略)	1018×412×840	台	2	新增	
8	环境监控箱	(略)	440×50×336	架		新增	
9	WCDMA BBU	(略)	260×120×360	架	1	新增	

说明：

1. 本机房为WCDMA新建机房，使用分布式设备，BBU集中安装配置为S333；

2. 建立时机柜预留尺寸为参考尺寸，以实际订货尺寸为准；

3. 空调室外机安装在机房外，空调管直接通到室外；

4. 光纤线缆从已有线槽下引至机房外通信人孔，沿人孔送返至主楼梯间回风槽，沿线槽上引至主楼楼天面，机房地址为：某单位C栋，2单元之间P栋梯楼房；

5. 机房地址为：某单位C栋，2单元之间P栋梯楼房。

净高3000mm

图例：
新增设备
已有设备

处主管		审 核	
总质责人		校(制)图	
单项负责人		单位 比例	mm,1:50
设 计		日 期	

机房设备布置平面图(1/12)
图 号

图 3-37 机房设备布置平面图

第4章

➡ 通信线路的现场勘察与工程图纸的绘制

本章中所讲通信线路，是指室外通信线路。室内线路可参见第2章和第3章所述。本书中的通信线路涉及的主要内容包括：通信线路路由、管道、通道及杆路等内容。

通信线路的现场勘察的重要性与机房的现场勘察的重要性是相同的。通信线路的现场勘察同样要遵守《建设工程质量管理条例》的相关内容。通信线路现场勘察所获得的数据是通信线路设计的重要基础，一套全面、翔实并且准确的勘察数据，对通信线路设计方案的选择和线路工程质量起到至关重要的作用。

 学习目标

通过本章的学习，学生将：
- 熟悉一般通信线路的勘察流程。
- 能够做好开展通信线路勘察的准备工作，掌握通信线路的勘察方法。
- 能根据勘察数据撰写勘察报告，并能利用绘图工具与软件，绘制通信线路的勘察图纸。

4.1 通信线路的现场勘察

4.1.1 通信线路的勘察流程

1. 勘察流程

通信线路的勘察流程与通信机房的勘察流程类似（见图2-2）。通信线路的勘察与通信机房的勘察的主要区别在于现场勘察的具体工作内容。

通信线路勘察同样需要勘察工程师制订勘察计划，并做好勘察前的准备。在勘察过程中，要根据勘察作业指导书进行勘察。勘察后要及时整理勘察数据、制作勘察图纸，并形成勘察报告。

2. 勘察前的准备工作

（1）人员配备

根据勘察任务书，由单位主管明确勘察工作的负责人和勘察小组成员。根据勘察任务的需要，勘察小组还有可能包括大标旗组、测距组、标桩组、测防组和绘图组等不同的功能组别。

（2）了解工程信息

通过会面、电话、电子邮件等方式，与建设单位联系，获取必要的资料，通过查阅资料，确定项目的工程性质、规模大小、地点和敷设方式等基本信息。在设计过程中可能要用到的信息都应该进行现场勘察确认。

室外通信线路工程涉及的对象较多，包括交通、电力、市政管道、天然气、输油管道、农田、水利以及军事禁区等方面，需要收集或者由建设单位提供项目所涉及的相关资料，资料包括城市包括但不限于地图、道路、住宅小区、各类建筑、地下管道、地形地貌等方面的资料，如果必要，还应准备气象、水文、地质资料。

（3）制订勘察计划

勘察工程师根据本项目的时限要求，与建设单位商定具体勘察时间，并按所规定的模板编制勘察计划，发送给建设单位进行确认。在进行勘察前，向建设单位明确提出本项目需要建设单位提前准备的资料及配合事项。

（4）准备勘察工具与装备

常见的勘察工具包括：数码照相机、指北针、钢卷尺、激光测距仪、轮式测距仪、手电筒、望远镜、GPS、测量地链（绳尺）、井匙/洋镐、爬梯、接地电阻测试仪、大标旗、小红旗、标杆、标桩、对讲机、安全反光衣、安全帽、警示标识等工具与装备。部分常见的勘察工具如图 4-1 所示。

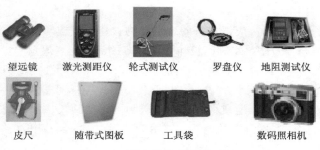

望远镜　　激光测距仪　　轮式测试仪　　罗盘仪　　地阻测试仪

皮尺　　　随带式图板　　　工具袋　　　　数码照相机

图 4-1　部分常见的勘察工具

在实际中，应根据具体勘察任务配备相应的其他工具。

另外，还需要准备身份证、工作证、勘察任务书、各类勘察表、地图等证件与资料。

4.1.2　通信线路勘察内容

1. 通信线路路由的勘察

有线通信线路的传输线缆包括电缆和光缆。随着通信技术的发展，目前的通信线路主要指通信光缆线路。对于新建通信线路工程，一项重要的勘察任务是选定线路路由，并对路由经过的环境进行勘察。

（1）通信线路路由选择的一般原则

线路路由方案的选择，应以工程设计委托书和通信网络规划为基础，进行多方案比较。工程设计必须保证通信质量，使线路安全可靠、经济合理，且便于施工、维护。

对于干线光缆路由，在满足干线通信要求的前提下，可适当考虑沿线地区的通信需求，增加局站、增加纤芯数量和进行路由迂回。此时，应注意使其不致严重影响干线安全，非干线部分的维护、抢修、割接、调度等工作应同时考虑到对干线的影响。

选择线路路由时，应以现有的地形地物、建筑设施和既定的建设规划为主要依据，并应充分考虑城市和工矿建设、铁路、公路、航运、水利、长输管道、土地利用等有关部门发展规划的影响。

在符合大的路由走向的前提下，线路宜沿靠公路或街道选择，但应顺路取直，避开路边设施和计划扩改地段。线路路由沿靠公路有利于施工、维护和抢修。但一般情况下不宜紧贴公路敷设，这是因为可能受路旁设施及公路改扩建的影响。若相关部门对路由位置有具体要求，则应按规划位置敷设。

通信线路路由选择应考虑建设地域内的文物保护、环境保护等事宜，减少对原有水系及地面形态的扰动和破坏，维护原有景观。

通信线路路由选择应考虑强电影响，不宜选择在易遭受雷击、化学腐蚀和机械损伤的地段，不宜与电气化铁路、高压输电线路和其他电磁干扰源长距离平行或过分接近。

扩建光（电）缆网络时，应结合网络系统的整体性，优先考虑在不同道路上扩增新路由，以增强网络安全。

（2）光缆路由的选择

① 光缆线路路由方案的选择，应以工程设计委托书和长途通信网络规划为基础，进行多方案比较。必须保证通信质量，使线路安全可靠、经济合理和便于施工、维护。在满足长途干线通信要求的前提下，可适当考虑沿线地区的通信需求。

② 选择光缆线路路由时，应以现有的地形地物、建筑设施和既定的建设规划为主要依据，并应充分考虑铁路、公路、水利、长输管道等有关部门发展规划的影响。

③ 光缆线路路由，在符合大的路由走向的前提下，宜沿靠公路，但应顺路取直，避开路边设施和计划扩改地段。

④ 光缆线路路由应选择在地质稳固、地势较为平坦的地段，尽量减少翻山越岭，并避开可能因自然或人为因素造成危害的地段。路由的选择应充分考虑到线路稳固、运行安全、施工及维护方便和投资经济的原则。

⑤ 宜选择在地势变化不剧烈、土石方工程量较少的地方，避开滑坡、崩塌、泥石流、采空区及岩溶地表塌陷、地面沉降、地裂缝、地震液化、沙埋、风蚀、盐渍土、湿陷性黄土、崩岸等对光缆线路安全有危害的地方。应避开湖泊、沼泽、排涝蓄洪地带，尽量少穿越水塘、沟渠，在障碍较多的地段应合理绕行，不宜强求长距离直线，并应考虑建设地域水利及土地利用长期规划的影响。

⑥ 光缆线路穿越河流，当过河地点附近存在可供光缆敷设的永久性坚固桥梁时，光缆宜在桥上通过。采用水底光缆时，应选择在符合敷设水底光缆要求的地方，并应兼顾大的路由走向，不宜偏离过远。但对于河势复杂、水面宽阔或航运繁忙的大型河流，应着重保证水线的安全，在这种情况下可局部偏离大的路由走向。

⑦ 在保证安全的前提下，也可利用定向钻孔或者架空等方式敷设光缆过河。

⑧ 光缆线路遇到水库时，应在水库的上游通过，沿库绕行时敷设高程应在最高蓄水位以上。

⑨ 光缆不应在水坝上或坝基下敷设，如果必须在该地段通过时，必须报请工程主管单位和水坝主管单位，批准后方可实施。

⑩ 光缆不宜穿过大的工业用地，如大型工厂和矿区等。当必须在该地段通过时，应考虑对线路安全的影响，并采取有效的保护措施。

⑪ 光缆线路不宜穿越和靠近城镇和开发区，以及穿越村庄。当必须穿越或靠近村镇时，应考虑村镇建设规划的影响。

⑫ 光缆线路不宜通过森林、果园及其他经济林区或防护林带；应尽量避开地面建筑设施、电力线缆及无法共享的通信线缆。

⑬ 光缆线路应考虑强电影响，不宜选择在易遭受雷击、腐蚀和机械损伤的地段。

⑭ 光缆线路路由应考虑到建设地域内的文物保护、环境保护等事宜，减少对原有水系及地面形态的扰动和破坏。

（3）电缆路由的选择

① 电缆线路路由的选择，除光缆的路由选择原则外，还应符合城市建设主管部门的相关规定。

② 城区内的电缆路由，宜采用管道敷设方式。在城区新建通信管道时，应与相关市政建设和地下管线规划相结合进行，尽量减少对铺装路面的破坏，以及对沿线交通和居民生活的干扰。

③ 城区内新建管道的容量、新建杆路的负载能力应提前规划，并应充分考虑已有管道、杆路等资源的利用和共享。

④ 电缆线路路由的选择，应结合网络系统的整体性，将电缆路由与中继线路路由一并考虑，充分合理利用原有设施，确保短捷安全，经济灵活，并便于施工及维护。

⑤ 电缆线路不可避免穿越有化学和电气腐蚀的地区时，应采取必要的防护措施，不宜采用金属外护套电缆。

⑥ 电缆路由不可避免与高压输电线路、电气化铁道长距离平行接近时，强电对通信电缆线路的危险影响和干扰影响不得超过 YD 5102—2010《通信线路工程设计规范》的规定。

2. 管道通信线路的勘察

（1）管道的勘察

① 确定管道详细路由，测量人（手）孔之间的管道距离。

② 人（手）孔之间的管道距离是指两个相邻的人（手）孔中心之间的距离，测量时应从人（手）孔中心开始，至人（手）孔中心结束。

③ 确定参照物的具体位置，以便设计与施工时进行定位。

④ 可以使用皮尺、轮式测距仪等工具测量管道距离。

⑤ 详细记录管道经过的路线的地理情况、路面情况、特殊地点等，例如，是否穿越车道、转弯、绿化带等。

⑥ 若利用现有管道，应详细记录管道的类型、功能、占用情况等，如图 4-2 所示。

⑦ 记录需要增加特别安全防护的位置，并提出防护建议。

⑧ 勘察时，应遵守安全操作规范。

⑨ 记录其他应记录的数据。

⑩ 绘制勘察草图，并注明相关的勘察结果。

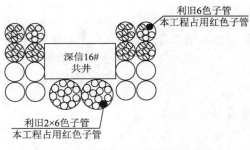

图 4-2 人（手）孔内子管占用情况的记录

（2）人（手）孔的勘察

① 记录（绘制）人（手）孔的位置和类型。

② 记录人（手）孔内子管或塑料管的占用情况，绘制截面图，标明需占用的子管的位置和颜色。

③ 记录人（手）孔内的环境，如是否积水，是否有坍塌等。

④ 应根据实际要求对人（手）孔进行勘察，并不需要对每个人（手）孔都打开井盖进

行查勘。但重要位置的人（手）孔，如局前井、过路井、拐弯井、交接箱附近井以及管孔资源紧张段的人（手）孔等需要重点查勘。

⑤ 勘察时，应遵守安全操作规范。打开人（手）孔井盖时，应使用专用工具。下人孔前，应立即进行通风，确认孔内无有害气体才能下井。图4-3所示为井盖和手孔图。

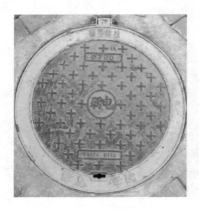 

（a）井盖 　　　　　　　　　　　（b）手孔（打开井盖时）

图4-3　井盖与手孔

⑥ 记录其他应记录的数据。

⑦ 绘制勘察草图，并注明相关的勘察结果，例如人（手）孔截面图。

3. 架空通信线路的勘察

（1）勘察小组

在对架空通信线路进行勘察时，根据勘察需要可成立大旗组、测距组、标桩组、测防组和绘图组等功能组。

（2）杆路勘察

① 对于新建线路，应在预选的大致路由的基础上，对杆路路由进行现场勘察，并根据勘察结果选择最佳路由。路由的勘察通常由大旗组执行。

② 测量立杆之间的距离，测量由测距组执行。

③ 可以使用皮尺、轮式测距仪、地链等工具测量立杆之间的距离。

④ 记录（绘制）立杆附近的地形环境、地质情况和主要建筑物。

⑤ 记录（绘制）"三防"设施的设置情况。

⑥ 特别注意记录在过河、过路、转角点、穿越障碍物等位置的立杆，并确定立杆的高度。

⑦ 勘察时，应遵守安全操作规范。

⑧ 记录其他应记录的数据。

⑨ 绘制勘察草图，并注明相关的勘察结果。

杆路通信线路如图4-4所示。

4. 墙壁通信线路的勘察

与架空通信线路相互配合，在中小城市的市

图4-4　杆路通信线路

区或者一些老旧城区，墙壁通信线路也是一种较为常见的通信线路。墙壁通信线路常应用于无法建设管道线路或者不便于立杆的场合。

墙壁通信线路的勘察主要是确定通信线路路由、墙壁支撑的安装位置和线路终端安装的位置。

进行墙壁通信线路的勘察方法与架空通信线路类似。墙壁通信线路图如图 4-5 所示。

图 4-5　墙壁通信线路图

5. **直埋通信线路的勘察**

（1）新建直埋通信线路的路由选择

对于新建线路，应在预选的大致路由的基础上，对线路路由进行现场勘察，并根据勘察结果选择最佳路由。路由的勘察通常由大旗组执行。

（2）直埋通信线路的勘察

① 勘察应在路由上按照地形测量通信线路距离，测量线路的主要目的是为了得到光（电）缆的长度。测量由测距组执行。

② 可以使用皮尺、轮式测距仪、地链等工具测量立杆之间的距离。

③ 在路由上，选择具有代表性的地点，测量土壤电阻率，主要由测防组负责。

④ 对于直埋线路，勘察时，还应注意记录沿途蚁害和鼠害严重的路段，主要由测防组负责。

⑤ 记录路由沿途各种标石的位置和标石具体内容。

⑥ 记录（绘制）通信线路经过的路径附近的地形地貌和主要建筑物。

⑦ 记录（绘制）"三防"设施的设置情况。

⑧ 勘察时，应遵守安全操作规范。

⑨ 记录其他应记录的数据。

⑩ 绘制勘察草图，并注明相关的勘察结果。

6. **水底通信线路的勘察**

（1）新建水底通信线路的路由选择

对新建的水底通信线路，在勘察中，对于穿越江、河、湖泊等地带的水底通信线路，在对现场进行勘察后，再在预选的大致路由的基础上，选定较理想的过江（河、湖）位置，并根据实际环境，适当调整两端陆地线路的路由。

（2）水底通信线路的勘察

① 根据线路过江（河、湖）的位置，计算水线光（电）缆的长度。

② 记录相应地点的水文资料。

③ 记录岸上或河堤上的标志。

④ 记录光（电）缆过江（河、湖）的方式和保护措施。

⑤ 勘察时，应遵守安全操作规范。

⑥ 记录其他应记录的数据。

⑦ 绘制勘察草图，并注明相关的勘察结果。

7. 进线室的勘察

进线室的勘察与机房的勘察类似。进线室的勘察应注意以下几点：

① 向建设单位索取或者自行绘制进线室平面图纸。

② 记录进线室已被占用的管孔位置。

③ 记录线缆在进线室内的走线路由及长度，标识线缆引上位置。

④ 记录线缆盘留位置和线路盘留长度，记录成端接头位置。

4.1.3 勘察资料的整理

勘察工程师在完成勘察工作后，应及时检查勘察数据和记录是否完整、无遗漏，整理好勘察现场资料，并填写勘察表格、绘制勘察工程图纸和编制勘察报告。向建设单位反馈勘察情况和勘察过程中遇到的需要建设单位予以协助的问题。

按照归档规定将勘察资料进行归档，并提交上级部门审核。

习　题

1. 阅读如表 4-1 所示的通信线路勘察表，结合本小节的内容，对其进行修改与完善。

表 4-1　通信线路勘察记录表

序号	勘察内容	勘察结果
1	线路路由	（地图记录、绘制，包括路由周边环境）
2	管道路由	总长度____km 可利旧：长度____km；需新建：长度____km
3	架空路由	总长度____km 可利旧：长度____km；需新建：长度____km
4	直埋路由	总长度____km 可利旧：长度____km；需新建：长度____km
5	水路路由	总长度____km 可利旧：长度____km；需新建：长度____km
6	公路、铁路、航运等区域的规划	（地图记录、绘制）
7	穿越公路、铁路、农田、山坡等	（地图记录、绘制）
8	进线室	在进线室勘察图纸中注明
9	其他	在地图上、平面图及勘察报告中注明
…	…	…

2. 结合本小节内容，阅读下列勘察报告。

城域传输网新建光缆工程

勘察报告

勘察人： _____XXX_____

编制人： _____XXX XXX_____

审核人： _____XXX XXX XXX_____

建设单位代表： _____XXX XXX XXX_____

建设单位： ×××通信有限公司
设计单位： ×××设计有限公司
编制日期： ××××年××月××日

目　录

勘 察 报 告

一、勘察项目

1. 勘察依据

XXX通信公司委托函。

2. 工程简介

本工程布放24芯光缆×××皮长公里，合计×××纤芯公里。利旧......，新建......

（1）勘察×××基站—×××基站24芯光缆线路新建工程；

（2）......

（3）......

......

具体建设计划如下表所示：

表1　建设计划表

序号	地区	光缆段	基站类型	光缆型号	敷设子管/km	敷设管道光缆/km	共享××杆路/km	新建杆路/km	墙壁吊线/km	室内通道	...	...	...
1	市区	×××基站至×××基站		GYFTY-24D	...	...	...	...	...	...	...	...	...
2	市区	×××基站至×××基站			...	...	...	...	...	...	...	...	...
3	...	...	...										
...													
合计													

二、勘察计划

1. 勘察日期

勘察日期：××××年××月。

2. 勘察方法

（1）勘察方法(资料调研、现场勘察等）

......

（2）勘察准备（制定计划、准备工具等）

......

（3）勘察小组（成立小组）

……

（4）勘察资料（工程资料准备、勘察情况归纳整理）

……

三、勘察内容

1. 光缆路由与敷设方式

……

2. 其他勘察

……

四、勘察结果

1. 光缆最佳路由

确定的最佳路由见勘察图纸。

2. 光缆终端局站

……

3. 光缆芯数及光缆的敷设方式

光缆芯数：采用 24 芯光缆。

敷设方式：采用管道、墙壁吊线与架空结合。

五、问题与建议

1. ……

2. ……

3. ……

4. ……

4.2　工程图纸的文字、表格、尺寸标注、填充图形及块操作

4.2.1　文字

用户在一张图纸上注释信息时，会涉及标注文字的"字体"及字体的大小等问题，需要进行文字样式的设置。

1. 文字样式的设置

使用 style 命令，或选择"格式"菜单中的"文字样式"命令，都可以打开"文字样式"对话框，如图 4-6 所示。在该对话框中可以定义和修改文字样式。

"文字样式"对话框主要包括显示和预览当前正在使用的文字样式及"样式名"显示框和下拉列表；"字体""大小""效果"选项组；"置为当前""新建""删除""应用"按钮等。

在"文字样式"对话框中，可以显示和预览当前正在使用的文字样式；显示"样式名"并可以利用下拉列表框控制显示"样式名"；可以设置文本字体、字体的大小和文字的效果等。

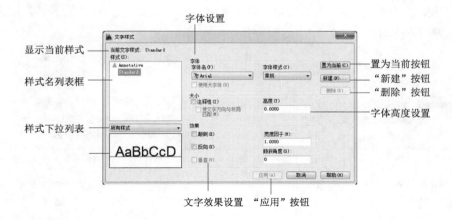

字体设置

显示当前样式

样式名列表框

样式下拉列表

置为当前按钮

"新建"按钮

"删除"按钮

字体高度设置

文字效果设置　"应用"按钮

图 4-6　"文字样式"对话框

如果在"高度"文本框中，将文字高度设置为 0，在使用 Text 命令创建文字时，命令行将提示要求输入文字高度。如果输入文字高度，则在使用 Text 命令创建文字时，命令行不再提示指定高度。

2. **文字的输入**

（1）单行文字

单行文字可以由字母、单词或完整的句子组成。用这种方式创建的每一行文字都是一个单独的 AutoCAD 对象，可对每行文字单独进行编辑操作。

命令启动方式如下：

- 命令：Text(T)。
- 菜单："绘图"→"文字"→"单行文字 AI"。
- 工具栏："文字"→"AI"按钮。
- 功能区："常用"选项卡→"注释"面板→"单行文字 AI"。

（2）多行文字

多行文字又称段落文字，是一种更易于管理的位置对象。可以由两行以上的文字组成，而且各行文字都作为一个整体处理。

命令启动方式如下：

- 命令：Mtext(MT)。
- 菜单："绘图"→"文字"→"多行文字 A"。
- 工具栏："文字"→"A"按钮。
- 功能区："常用"选项卡→"注释"面板→"多行文字 A"。

3. **"在位文字编辑器"的组成与功能**

调用"文字"输入命令可以打开"在位文字编辑器"，它由三部分组成：文本书写及编辑区域；位于文本书写及编辑区域顶部的标尺、"文字格式"工具栏。该编辑器是透明的，因此用户在创建文字时可看到文字是否与其他对象重叠。

"在位文字编辑器"为用户书写、编辑文字提供了强大的功能，可满足各种工程图样中的文字书写需求。用户利用"在位文字编辑器"还可以随时对其各种功能进行设置，如进行文字样式、文字字体、文字高度、加粗、倾斜或加下画线效果设置等。"在位文字编辑器"的各种功能如图 4-7 所示。

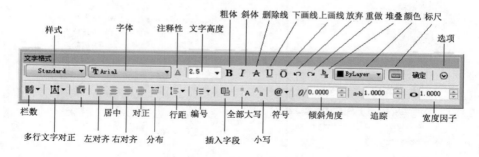

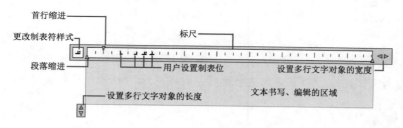

图 4-7 "在位文字编辑器"中"文字格式"工具栏、标尺和文字书写、编辑区功能说明

4.2.2 表格

用户可以利用 AutoCAD 系统提供的表格功能创建表格，也可以将表格链接到 Microsoft Excel 电子表格。

1. "表格样式"对话框

可以通过"表格样式"对话框来修改或指定表格样式。

命令启动方式如下：

- 命令：Tablestyle。
- 菜单："格式"→"表格样式▥"。
- 工具栏："样式"→"表格样式"按钮▥。
- 功能区："注释"选项卡→"表格"→"表格样式▥"。

上述任一方式启动后，打开"表格样式"对话框，如图 4-8 所示。

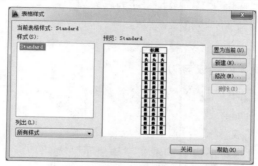

图 4-8 "表格样式"对话框

在该对话框中，可以显示当前表格样式与样式预览，可将已有的样式置为当前，通过"新建""修改"按钮打开相应的对话框、创建新的表格样式或修改已设置好的表格样式。

2. 创建新的表格样式

在如图 4-8 所示的"表格样式"对话框中，单击"新建"按钮，打开"创建新的表格样式"对话框，如图 4-9 所示。

单击"创建新的表格样式"对话框中的"继续"按钮，打开"新建表格样式"对话框，如图 4-10 所示。

在"新建表格样式"对话框中，有"常规""文字""边框" 3 个选项卡，通过"常规"选项卡可以

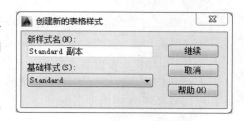

图 4-9 "创建新的表格样式"对话框

设置表格单元的填充颜色、文字对齐方式和类型。"文字"选项卡用来设置文字特性参数，包括文字样式、高度、颜色及角度。"边框"选项卡用来设置边框特性参数，包括线宽、线型、颜色、双线及边框外观。

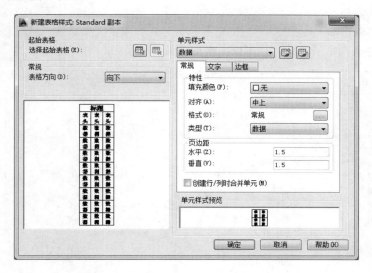

图 4-10 "新建表格样式"对话框

3. 创建表格

命令启动方式如下：

- 命令：Table(TB)。
- 菜单："绘图"→"表格"。
- 工具栏："绘图"→"表格"按钮。
- 功能区："常用"选项卡→"注释"面板→"表格"。

执行上述任一方式启动后，打开"插入表格"对话框，如图 4-11 所示。此对话框用于选择表格样式，设置表格的有关参数，各项含义如下：

① 表格样式：用于选择所使用的表格样式。通过单击下拉列表旁边的按钮，可以创建新的表格样式。

② 插入选项：用于确定如何为表格填写数据。

- 从空表格开始：创建可以手动填充数据的空表格。
- 自数据连接：从外部电子表格中的数据创建表格，将 Microsoft Excel 创建的表格链接到 AutoCAD 中。
- 自图形中的对象数据（数据提取）：启动"数据提取"向导。

③ 预览：用于预览表格的样式。

④ 插入方式：设置将表格插入到图形时的插入方式。

- 指定插入点：指定表格左上角的位置。如果将表格的方向设置为由下而上读取，则插入点位于表格的左下角。
- 指定窗口：指定窗口的大小和位置。可以使用定点设备，也可以在命令行提示下输入坐标值。选定此项时，行数、列数、列宽和行高取决于窗口的大小及列和行的设置。

⑤ 列和行设置：用于设置表格中的行数、列数以及行高和列宽。

⑥ 设置单元样式：选项组分别设置第一行、第二行和其他行的单元样式。

通过"插入表格"对话框确定表格数据后，单击"确定"按钮，而后根据提示确定表格的位置，即可将表格插入到图形，且插入后 AutoCAD 弹出"文字格式"工具栏，并将表格中的第一个单元格醒目显示，此时就可以向表格输入文字。

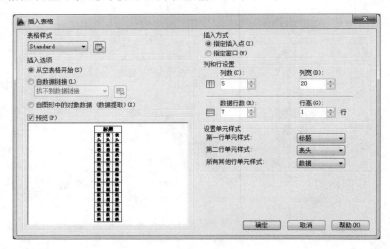

图 4-11 "插入表格"对话框

除了直接用 AutoCAD 的表格功能创建表格外，还可以从 Microsoft Excel 导入表格。先复制做好的 Excel 表格，切换到 AutoCAD，选择"编辑"→"选择性粘贴"→AutoCAD 图元。

4. 编辑表格

表格创建完成后，用户单击表格上的任意网格线可以选中该表格，然后通过使用图 4-10 "新建表格样式"对话框中的"特性"选项板修改该表格。利用夹点修改该表格更便捷，如图 4-12 所示。

【案例 4-1】采用表格和文字功能绘制如图 4-13 所示的标题栏。

（1）创建表格

① 创建 2 行、7 列表格。在命令行输入 TB→空格，打开"插入表格"对话框，设置列

数为 7，行数为 2；设置"第一行单元样式""第二行单元样式"均为数据，如图 4-14（a）所示。

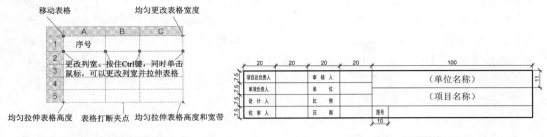

图 4-12　利用夹点修改表格　　　　　　　图 4-13　标题栏

② 修改表格样式。在"插入表格"对话框中单击"修改样式"按钮 🖻，打开"表格样式"对话框，如图 4-14（b）所示。

③ 设置文字对齐样式。在"表格样式"对话框中单击"修改"按钮，打开"修改表格样式：Standard"对话框，设置文字为正中对齐，如图 4-14（c）所示。

④ 在"修改表格样式：Standard"对话框中单击"确定"按钮，完成参数设置。在绘图区域指定插入点，生成表格，如图 4-14（d）所示。

（a）"插入表格"对话框

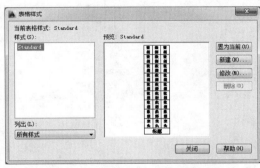

（b）"表格样式"对话框

（c）设置文字对齐

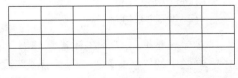

（d）插入表格

图 4-14　创建表格

（2）编辑表格

① 统一修改表格中各单元的高度。双击表格，打开"特性"窗口，如图 4-15（a）所示。选取表格左上角单元格，按住【Shift】键，单击单元格"G"，如图 4-15（b）所示。将表格全部选中后，在"特性"窗口的"水平单元边距"文本框中输入数值 0.5 后按【Enter】键，在"垂直单元边距"文本框中输入数值 0.5 后按【Enter】键；在"单元高度"文本框中输入数值 8 后按【Enter】键。

② 修改表格中各单元的宽度。选取第一列或第一列中的任意单元格，如图 4-15（c）所示。在"特性"窗口的"单元宽度"文本框中输入数值 15 后按【Enter】键。

同样方法修改各列宽度为 25、20、15、35、15。

③ 合并单元格。选取表格左上角单元格，按住【Shift】键，右击区域右下角的单元格，在弹出的快捷菜单中选择"合并"→"全部"命令。

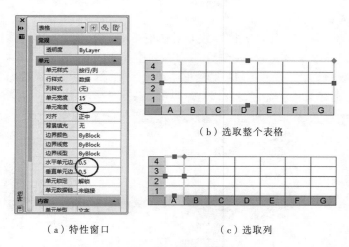

（a）特性窗口　　　　　（b）选取整个表格　　　　　（c）选取列

图 4-15　编辑表格

④ 填写标题栏。双击单元格，然后输入相应的字，并设置文字的样式，完成后如图 4-13 所示。连续输入序号时，可借鉴 Excel 表格的拖动功能。

⑤ 转换线型。首先使用"分解"命令将表格分解，然后将标题栏的外轮廓用"格式刷"改变至"粗实线层"，就完成了标题栏的绘制。

4.2.3　尺寸标注

在 AutoCAD 中对图形进行尺寸标注时，要针对图样的标注要求，首先设置尺寸标注的样式，然后再使用各种标注命令进行标注。

1. 尺寸标注样式的设置

尺寸样式是通过"标注样式管理器"对话框进行设置的，可以通过命令 dimstyle；也可选择菜单栏中的"格式"→"标注样式"命令或单击"标注"工具栏中的"标注样式"按钮 ⬛均可以打开"标注样式管理器"对话框，如图 4-16 所示。

在"标注样式管理器"对话框中，可以显示出当前标注样式与样式预览；可以选择已有的样式置为当前；可以通过"新建""修改""替代""比较"按钮打开相应的对话框，进行相应的操作。

打开"新建标注样式"对话框、"修改标注样式"对话框或"替代标注样式"对话框，其界面中各选项及设置方法都是相同的。下面以"新建标注样式"对话框为例介绍尺寸标注样式的设置方法。

单击"新建"按钮，打开"创建新标注样式"对话框，如图 4-17 所示。

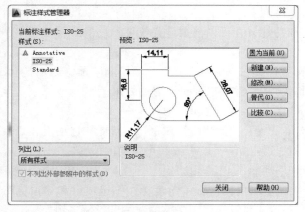

图 4-16 "标注样式管理器"对话框　　　　图 4-17 "创建新标注样式"对话框

在此对话框中，可以在"新样式名"文本框中为新建标注样式命名；在"基础样式"中设置新标注样式的基础样式；可以选择标注样式的"注释性"；可以在"用于"中指示要应用新样式的标注类型。

当用户设置好以上各项后，单击"继续"按钮，打开"新建标注样式"对话框，如图 4-18 所示。此对话框最初显示的是图 4-17"创建新标注样式"对话框中所选择的基础样式的特性。

图 4-18 "新建标注样式"对话框

在"新建标注样式"对话框中，包含 7 个选项卡，分别为"线"、"符号和箭头"、"文字"、"调整"、"主单位"、"换算单位"和"公差"选项卡。

（1）"线"选项卡

"线"选项卡包含"尺寸线"、"尺寸界线"选项组和预览图片，可根据需要设置尺寸线、尺寸界线，并可以预览设置效果。

（2）"符号和箭头"选项卡

"符号和箭头"选项卡包含"箭头"、"圆心标记"、"折断标注"、"弧长符号"、"半径折弯标注"、"线性折弯"选项组和"预览图片"。使用"符号和箭头"选项卡可以设置箭头、圆心标记、弧长符号和折弯半径标注的样式和特性，并可以预览设置效果。

（3）"文字"选项卡

"文字"选项卡包含"文字外观"、"文字位置"、"文字对齐"选项组和"预览图片"，可根据需要设置标注文字的格式、放置和对齐方式，并可以预览设置的效果。

（4）"调整"选项卡

"调整"选项卡包含"调整选项"、"文字位置"、"标注特征比例"、"优化"选项组和"预览图片"。使用"调整"选项卡可以控制标注文字、箭头、引线和尺寸线的位置。

（5）"主单位"选项卡

"主单位"选项卡包含"线性标注"、"测量单位比例"、"角度标注"选项组和"预览图片"。可根据需要设置主标注单位的格式和精度，并设置标注文字的前缀和后缀。例如，需要标注回转体非圆视图中的直径，在"前缀"栏目输入%%C，则用线性尺寸标注的尺寸前均会产生直径符号"ϕ"。

（6）"换算单位"选项卡

"换算单位"选项卡包含"显示换算单位"复选框、"换算单位"、"消零"、"位置"选项组和"预览图片"。使用"换算单位"选项卡可以指定标注测量值中换算单位的显示并设置其格式和精度。

（7）"公差"选项卡

"公差"选项卡包含"公差格式"、"公差对齐"、"换算单位公差"选项组和"预览图片"，可根据需要控制标注文字中公差的格式及显示。

2. 尺寸标注方法

为了方便、快捷地进行尺寸标注，AutoCAD 系统提供了各种类型的尺寸标注方法及命令的调用方式。可以在命令行直接输入命令；可以在"经典空间"选择尺寸标注下拉菜单中的各项命令或直接单击工具栏中对应的按钮；也可以在"草图与注释空间"功能区的"注释"选项卡中直接单击对应的按钮。尺寸标注的工具栏、下拉菜单、"注释"选项卡如图 4-19所示。

尺寸标注是多种多样的，常见的类型有：水平标注、垂直标注、对齐标注、弧长标注、半径标注、直径标注、角度标注、圆心标记、基线标注、连续标注、折弯标注和折弯线性等，标注示例如图 4-20 所示。用户可以根据图形标注的需要进行选择。

标注尺寸时先要根据标注尺寸的类型调用相应的命令，然后确定其尺寸界线的位置、尺寸线的位置以及尺寸文本。

（a）工具栏　　　　　　　（b）下拉菜单　　　　　　　（c）"注释"选项卡

图 4-19　尺寸标注的工具栏、下拉菜单、"注释"选项卡

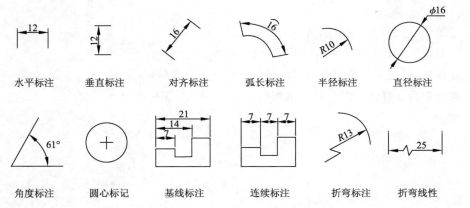

水平标注　　　垂直标注　　　对齐标注　　　弧长标注　　　半径标注　　　直径标注

角度标注　　　圆心标记　　　基线标注　　　连续标注　　　折弯标注　　　折弯线性

图 4-20　常用尺寸标注类型示例

图 4-21 所示的线性标注具体操作如下：

单击线性标注按钮 ⊢，命令行提示：

命令：_dimlinear
指定第一条尺寸界线原点或 <选择对象>：（鼠标指定 A 点）
指定第二条尺寸界线原点：（鼠标指定 B 点）
创建了无关联的标注。
指定尺寸线位置或[多行文字(M)/文字(T)/角度(A)/水平
(H)/垂直(V)/旋转(R)]：鼠标指定 C 点
标注文字=30

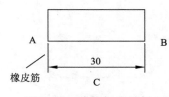

图 4-21　线性标注示例

对操作过程中各提示行含义的说明：

① 在"指定第一条尺寸界线原点或<选择对象>："中如果采用"<选择对象>"则在选择对象之后，自动确定第一条和第二条尺寸界线的原点。

② 在"指定第二条尺寸界线原点："提示下，当用户指定了第二条尺寸界线后，出现由鼠标带动的橡皮筋，用户如果直接指定尺寸线的位置，则按实际测量值标注。

③ 提示行"指定尺寸线位置或[多行文字(M)/文字(T)/角度(A)/水平(H)/垂直(V)/旋转R)]："中各选项的含义如下：

- 指定尺寸线位置：使用指定点定位尺寸线并且确定绘制尺寸界线的方向。
- 多行文字(M)：显示在位文字编辑器，可用它来编辑标注文字。
- 文字(T)：自定义标注文字。生成的标注测量值显示在尖括号中。
- 角度(A)：修改标注文字的角度。
- 水平(H)：创建水平线性标注。
- 垂直(V)：创建垂直线性标注。
- 旋转(R)：创建旋转线性标注。

4.2.4　填充图形

在工程制图中，经常会采用剖视图、断面图等方法来表达对象的结构。剖面符号的绘制在 AutoCAD 系统中采用"图案填充"命令来完成。"图案填充"还用于绘制表现表面的纹理、涂色及对象的材料类型等，如图 4-22 所示。

命令启动方式如下：

- 命令：Hatch(H)。
- 菜单："绘图"→"图案填充"。
- 工具栏："绘图"→"图案填充"按钮▨。
- 功能区："常用"选项卡→"绘图"面板→"图案填充▨"。

调用命令后，打开"图案填充和渐变色"对话框，如图 4-23 所示。

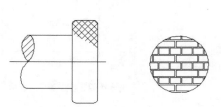

图 4-22　图案填充示例　　　　　图 4-23　"图案填充和渐变色"对话框

在"图案填充和渐变色"对话框中有"图案填充选项卡"和"渐变色"选项卡,默认状态时打开的是图案填充选项卡,用户可以通过此对话框为封闭图形进行图案填充。

下面以图4-24为例说明图案填充的具体操作过程。

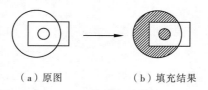

（a）原图　　　　　（b）填充结果

图 4-24　图案填充实例

① 选择"绘图"→"图案填充"命令,打开"图案填充和渐变色"对话框。

② 在"图案填充和渐变色"对话框的"图案填充"选项卡中,"类型"选择预定义;单击"图案"右侧的▨按钮,打开"填充图案选项板"对话框,选择填充图案,如图4-25所示。

图 4-25　"填充图案选项板"对话框

单击"确定"按钮,系统自动关闭此对话框,返回到"图案填充和渐变色"对话框。

③ 在"图案填充和渐变色"对话框中,单击"边界"选项组中的"添加:拾取点"按钮▨,系统将自动关闭对话框,转到绘图界面。

这时,用户可以用鼠标拾取要填充的区域的内部点 a 和 b,被选中的封闭区域呈现虚线效果,如图4-26所示。右击或回车确认选择,系统再次自动转回到"图案填充和渐变色"对话框。设置合适的填充角度和比例,单击"确定"按钮,完成操作。

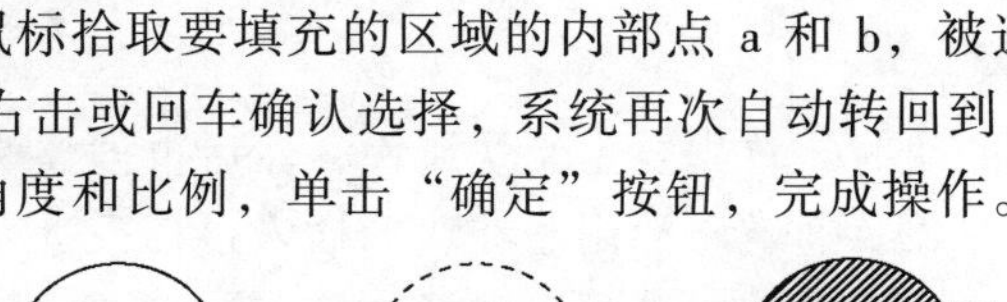

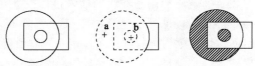

图 4-26　图案填充的操作过程示意图

4.2.5 图块

块是一个或多个对象的集合。块可以多次被调用，快速完成相同图形的绘制，并且可以将块对象按不同的大小、方位插入到图形中。在绘图时，所有设计人员都可以很方便地调用相同的外部块资源，而不必重新绘制和创建，大大提高了绘图的速度。

1. 创建块

创建块命令 Block 主要是将选定的对象创建成图块，把当前窗口中部分图形组合成一个整体，存储在当前图形文件内部。

可以选择"绘图"→"块"→"创建…"命令；单击"绘图"工具栏中的"创建块"按钮 或单击功能区："插入"选项卡→"块"面板→"创建块 "。

以上述任意方式调用创建块命令均可打开"块定义"对话框，如图 4-27 所示。

图 4-27 "块定义"对话框

创建块的具体过程如下：

① 在"块定义"对话框的"名称"文本框中输入块名。

② 在"基点"选项组中，可以选择"在屏幕上指定"，也可以选择"拾取点"方式。当选择"拾取点"方式时，用户可以单击 按钮，此时系统将关闭"块定义"对话框，用户用鼠标拾取插入基点，拾取后，重新打开"块定义"对话框。

③ 在"对象"选项组中，单击"选择对象"按钮 ，同时关闭对话框，选取图形对象，重新打开"块定义"对话框，这时对话框中出现了选取块的预览。

④ 单击"确定"按钮，完成块创建。

2. 创建带有属性的块

在创建带有附加属性的块时，首先要定义块属性，然后再创建块。在创建块时需要同时选择块属性作为块的成员对象。通常属性用于在块的插入过程中进行自动注释。

定义块属性可以使用命令 Attdef；也可以选择"绘图"→"块"的子菜单"定义属性"命令。以上述任意方式调用创建块命令均可打开"属性定义"对话框，如图 4-28 所示。"属性定义"对话框包含了"模式"、"属性"、"插入点"和"文字设置"选项组及"在上一个属性定义下对齐"复选框。用户可以利用此对话框完成定义属性模式、属性标记、属性提示、属性值、插入点和属性的文字设置。

3. 写块

写块是将图形对象保存到文件或将块转换为文件的操作。被保存的块，用户在绘制任何图形时都可以调用，加快绘图、设计速度，同时也可以在设计中实现资源共享。

使用 Wblock 命令，将打开"写块"对话框，如图 4-29 所示。

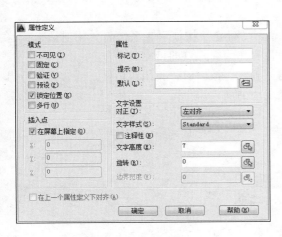

图 4-28 "属性定义"对话框

图 4-29 "写块"对话框

在"写块"对话框中包含"源"和"目标"两个选项组，用户只要按要求给定"源"和"目标"即可完成保存块的目的。

4. 插入块

插入块是指将块或图形插入当前图形中，用户可以插入自己的块，也可以使用设计中心或工具选项板中提供的块。

打开"插入"对话框，可以使用命令 Insert；也可以选择"插入"→"块"命令；单击"绘图"工具栏中的"插入块"按钮 或单击功能区中的"插入"选项卡→"块"面板→"插入块 "。

以上述任意方式调用"插入块"命令后，打开的"插入"对话框如图 4-30 所示。

图 4-30 "插入"对话框

在使用"插入"对话框时，需指定要插入的块或图形的名称与位置，并可以选择插入比例和旋转角度及插入后是否分解。

在"插入"对话框中进行如下设置：

① 在"插入"对话框的"名称"下拉列表框中，选择"电阻"。

② 依次设置对话框中的"插入点""比例""旋转"等选项。

③ 如果要将块中的对象作为单独的对象而不是单个块插入，则选中"分解"复选框。

④ 单击"确定"按钮。

如果"插入点"选择"在屏幕上指定"，单击"确定"按钮后，系统将关闭对话框，这时鼠标带着图块在屏幕上移动，用户此时指定位置作为插入点即可完成操作。

如果插入的是带属性定义的块，则在单击"确定"按钮后，关闭对话框，同时命令行出现下列提示，用户可按提示继续进行操作，完成块的插入。

命令：_insert

指定插入点或 [基点(B)/比例(S)/旋转(R)]：鼠标点取指定点

指定旋转角度 <0>：（可输入角度值）✓

输入属性值

属性提示 <属性值>：（可输入数值）✓

习　题

结合本小节的内容，绘制以下通信线路图，如图 4-31 所示。

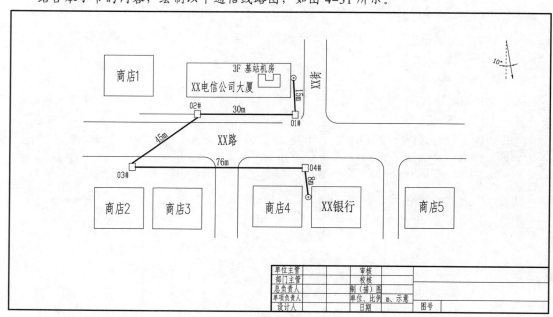

图 4-31　通信线路图

4.3　通信工程图纸的图例（第一部分）

4.3.1　通信工程图形符号要素

通信工程图形符号如表 4-2 所示。

表 4-2　通信工程图形符号

序　号	名　　称	图　例	说　明
1	基本轮廓线	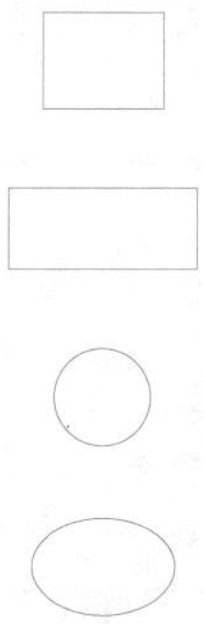	元件、装置、功能单元的基本轮廓线
2	辅助轮廓线	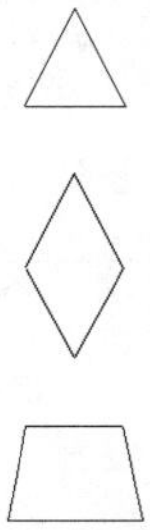	元件、装置、功能单元的辅助轮廓线
3	边界线	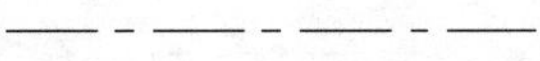 —　·　—　·　—　·　—　·	功能单元的边界线
4	屏蔽线（护罩）	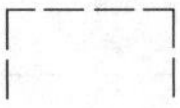	

4.3.2　通信工程制图的限定符号与连接符号

通信工程制图限定符号与连接符号分别如表 4-3、表 4-4 所示。

表 4-3　通信工程限定符号

序　号	名　　称	图　例	说　　明
1	非内在的可变性		
2	非内在的非线性可变性		
3	内在的可变性		
4	内在的非线性可变性	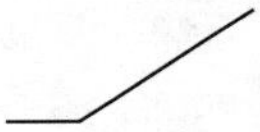	
5	预调、微调		

第 4 章　通信线路的现场勘察与工程图纸的绘制

序　号	名　　称	图　　例	说　　明
6	能量、信号的单向传播 （单向传输）		
7	同时发送和接收		同时双向传播（传输）
8	不同时发送和接收		不同时双向传播（传输）
9	发送		
10	接收		

表 4-4　通信工程连接符号

序　号	名　　称	图　　例	说　　明
1	连接、群连接	形式1 形式2	导线、电缆、线路、传输通道等的连接
2	T形连接		
3	双T形连接		
4	十字双叉连接		
5	跨越		
6	插座		包含家用2孔、3孔以及常用4孔
7	插头		
8	插头和插座		

4.3.3　传输系统常用图例

传输系统常用图例如表 4-5 所示。

表 4-5 传输系统常用图例

序 号	名 称	图 例	说 明
1	传输设备节点基本符号	(*)	图例中心的 "*" 表示节点传输设备的类型，可以为 P、S、M、A、W、O、F 等。 其中，P 表示 PDH 设备，S 表示 SDH 设备，M 表示 MSTP 设备，A 表示 ASOM 设备，W 表示 WDM 设备，O 表示 OTN 设备，F 表示分组传送设备 在图例不混淆情况下，可省略 "*" 的标识
2	传输链路		
3	微波传输		
4	双向光纤链路		
5	单向光纤链路		
6	时间同步设备	BT	B 表示 BITS 设备，T 表示时间同步
7	时钟同步设备	BF	B 表示 BITS 设备，F 表示频率同步
8	ODF/DDF 架		
9	WDM 终端型波分复用设备		16/32/40/80 波等
10	WDM 光线路放大器		可变形为单向放大器
11	WDM 光分插复用器		16/32/40/80 波等
12	SDH 终端复用器		
13	SDH 分插复用器		
14	SDH/PDH 中继器		可变形为单向中继器
15	DXC 数字交叉连接设备		
16	OTN 交叉设备		
17	分组传送设备		
18	PDH 终端设备		

4.3.4 通信线路常用图例

1. 线路拓扑常用图例（见表4-6）

表 4-6 线路拓扑常用图例

序号	名　称	图　例	说　明
1	局站		适用于光缆图
2	局站（汇接局）		适用于拓扑图
3	局站（端局、接入机房、宏基站）		适用于拓扑图
4	光缆		适用于拓扑图
5	光缆线路	L A a b B	a、b：光缆型号及芯数； L：A、B 两点之间光缆段长度（单位：m）； A，B：分段标注的起始点
6	光缆直通接头	A	A：光缆接头地点
7	光缆分支接头	A	A：光缆接头地点
8	光缆拆除	L A ab B	A、B：分段标注的起始点； a、b：拆除光缆的型号及芯数； L：A、B 两点之间的光缆段长度（单位：m）
9	光缆更新	L A ab B (ab)	A、B：分段标注的起始点； ab：新建光缆的型号及芯数； （ab）：原有光缆的型号及芯数； L：A、B 两点之间的光缆段长度（单位：m）
10	光缆成端（骨干网）	ODF 1 2 ⋮ $n-1$ n	数字：纤芯排序号； 实心点：代表成端；无实心点代表断开
11	光缆成端（一般网）	ODF GYTA-36D 1-36	GYTA-36D：为光缆的型号及容量； 1-36：光缆纤芯的号段
12	光纤活动连接器		

2. 线路标识常用图例（见表4-7）

表 4-7 线路标识常用图例

序号	名　称	图　例	说　明
1	直埋线路	L A B	A、B：分段标注的起始点，应分段标注； L：A、B 为端点之间的距离（单位：m）

序号	名　称	图　例	说　明
2	水下线路（或海底线路）	$\overset{L}{\underset{A\qquad\qquad B}{\rule{0pt}{0pt}}}$	A、B：分段标注的起始点，应分段标注； L：A、B 为端点之间的距离（单位：m）
3	架空线路	$\overset{L}{\underset{\circ\qquad\quad\circ}{\rule{0pt}{0pt}}}$	L：为两杆之间距离（单位：m），应分段标注
4	管道线路	$\overset{L}{\underset{A\qquad\quad B}{\rule{0pt}{0pt}}}$	A、B：两人（手）孔的位置，应分段标注； L：为两人（手）孔之间的管道段长（单位：m）
5	管道线缆占孔位置图（双壁波纹管）（穿3根子管）	ab $A{-}B$	画法：画于线路路由旁，按 A-B 方向分段标注； 管道使用双壁波纹管管材，大圆为波纹管的管孔，小圆为波纹管管内穿放的子管管孔； 实心为圆为本工程占用，斜线为现状已占有； a、b：敷设线缆的型号及容量
6	管道线缆占孔位置图（多孔一体管）	ab $A{-}B$	画法：画于线路路由旁，按 A-B 方向分段标注； 管道使用梅花管管材； 实心为圆为本工程占用，斜线为现状已占有； a、b：敷设线缆的型号及容量
7	管道线缆占孔位置图（栅格管）	ab $A{-}B$	画法：画于线路路由旁，按 A-B 方向分段标注； 管道使用栅格管管材； 实心为圆为本工程占用，斜线为现状已占有； a、b：敷设线缆的型号及容量
8	墙壁架挂线路（吊线式）	$\begin{bmatrix}D\\ab\end{bmatrix}$ $A\qquad B$ 吊线 线缆	三角形为吊线支持物； 三角形上方线段为吊线及线缆； A、B：分段标注的起始点； L：A、B 两点之间的段长（单位：m），应按 A-B 分段标注； D：吊线的程式； $[a,b]$：线缆的型号及容量
9	墙壁架挂线路（钉固式）	$[ab]$ $\overset{L}{\underset{A\qquad B}{\rule{0pt}{0pt}}}$ 线缆	多个小短段上方长线段为线缆； A、B：分段标注的起始点； L：A、B 两点之间的段长（单位：m）应按 A-B 分段标注； $[a,b]$：线缆的型号及容量
10	线缆预留	$\underset{A}{\ominus}$ m	画法：画于线路路由旁； A：线缆预留地点； m：线缆预留长度（单位：m）
11	线缆蛇形敷设	$\underset{A}{\rule{0pt}{0pt}}$ d/s $\underset{B}{\rule{0pt}{0pt}}$	画法：画于线路路由旁。 d：为 A、B 两点之间的直线距离（单位：m）； s：为 A、B 两点之间的线缆蛇形敷设长度（单位：m）
12	水线房		

序号	名　称	图　例	说　明
13	通信线路巡房		
14	通信线交接间		
15	水线通信线标志牌	或	单杆或 H 杆
16	直埋通信线标志牌		
17	防止通信线蠕动装置		
18	埋式线缆上方保护	铺m、n米 线缆	画法：断面图画于图纸中线路的路由旁，适当放大比例，合适为宜； 直埋线缆线上方保护方式有铺砖和水泥盖板等； m：保护材质种类（砖，水泥盖板）； n：保护段长度（单位：m）
19	埋式线缆穿管保护	穿$\Phi_{m,n}$ 线缆	画法：断面图画于图纸中线路的路由旁，适当放大比例，合适为宜； 直埋线缆外穿套管保护，有钢管、塑料管等； Φ：保护套管直径（单位：mm）； m：保护套管材料种类（钢管，塑料管等）； n：套管的保护长度（单位：m）
20	架空线缆交接箱	J R	J：代表交接箱编号，为字母及阿拉伯数字； R：交接箱容量
21	落地线缆交接箱	J R	J：代表交接箱编号，为字母及阿拉伯数字； R：交接箱容量
22	壁完线缆交接箱	J R	J：代表交接箱编号，为字母及阿拉伯数字； R：交接箱容量
23	电缆分线盒	$\dfrac{N-B}{C}$ $\dfrac{d}{D}$	N：分线盒编号； d：现有用户数； B：分线盒容量； D：设计用户数； C：分线盒线序号段
24	电缆分线箱	$\dfrac{N-B}{C}$ $\dfrac{d}{D}$	N：分线箱编号； d：现有用户数； B：分线箱容量； D：设计用户数； C：分线箱线序号段
25	电缆壁龛分线箱	$\dfrac{N-B}{C}$ $\dfrac{d}{D}$	N：分线箱编号； d：现有用户数； B：分线箱容量； D：设计用户数； C：分线箱线序号段

序号	名　称	图　例	说　明
26	直埋线缆标石	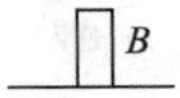 $\boxed{\ }B$	B：字母表示直埋线缆标石种类（接头、转弯点、预留等）
27	待建或规划线路	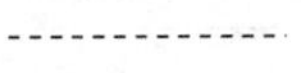 - - - - - - - - - - - -	
28	接图线（本页图纸内的上图）	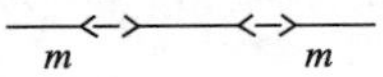 ←—→ ←—→ m　　　　　m	画法：画于通信线路上图的末端处，垂直于通信线； m：为字母及阿拉伯数字
29	接图线（本页图纸内的下图）	 ←—→ ←—→ m′　　　　m′	画法：画于通信线路下图的首端处，垂直于通信线； m′：为字母及阿拉伯数字
30	接图线（相邻图间）	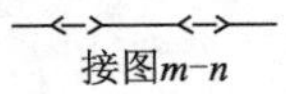 ←—→ ←—→ 接图m-n	画法：在主图和分图中，分别标注相互连接的图号； m 为图纸编号、n 为阿拉伯数字
31	通信线与电力线交越防护	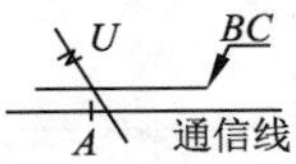 U　BC A　通信线	画法：画于图纸中线路路由中； A：与电力线交越的通信线的交越点； U：电力线的额定电压值（单位：kV）； B：通信线防护套管的种类； C：防护套管的长度（单位：m）
32	指北针	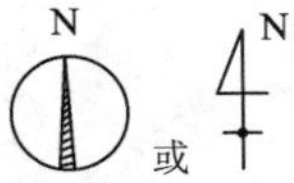 N　↑N 　或	画法：图中指北针摆放位置：首选图纸的右上方，次选图纸的左上方； N 代表北极方向
33	室内走线架	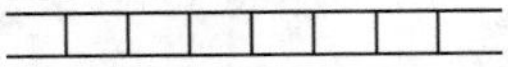 ▦▦▦▦	
34	室内走线槽道	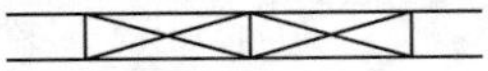 ⬚⬚⬚	明槽道：实线； 暗槽道：虚线

3. 架空杆路常用图例（见表4-8）

表4-8　架空杆路常用图例

序号	名　称	图　例	说　明
1	木电杆	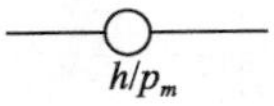 ○ h/p_m	h：杆高（单位：m），主体电杆不标注杆高，只标注主体以外的杆高； p_m：电杆的编号（每隔5根电杆标注一次）
2	圆水泥电杆	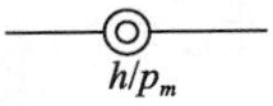 ◎ h/p_m	h：杆高（单位：m），主体电杆不标注杆高，只标注主体以外的杆高； p_m：电杆的编号（每隔5根电杆标注一次）
3	单接木电杆	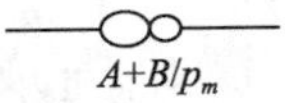 ⬭ $A+B/p_m$	A：单接杆的上节（大圆）杆高（单位：m）； B：单接杆的下节（小圆）杆高（单位：m）； p_m：电杆的编号
4	品接木电杆	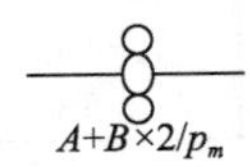 ⬭ $A+B×2/p_m$	A：品接杆的上节（大圆）杆高（单位：m）； B×2：品接杆的下节（小圆）杆高（单位：m），2代表双接腿； p_m：电杆的编号

第4章　通信线路的现场勘察与工程图纸的绘制

序号	名　称	图　例	说　明
5	H 型木电杆	h/p_m	h：H 杆的杆高（单位：m）； p_m：电杆的编号
6	木撑杆	h	h：撑杆的杆高（长度）
7	电杆引上	ϕ_m　L	ϕ_m：引上钢管的外直径（单位：mm）； L：引出点至引上杆的直埋部分段长（单位：m）
8	墙壁引上	墙壁　ϕ_m　L	Φ_m：引上钢管的外直径（单位：mm）； L：引出点至引上杆的直埋部分段长（单位：m）
9	电杆直埋式地线（避雷针）		
10	电杆延伸式地线（避雷针）		
11	电杆拉线式地线（避雷针）		
12	吊线接地	吊线　p_m　$m \times n$	画法：画于线路路由的电杆旁，接在吊线上； p_m：电杆编号； m：接地体材料种类及程式； n：接地体个数
13	木电杆放电间隙		
14	电杆装放电器		
15	保护地线		
16	电杆分水桩	h	h：分水杆的杆高（单位：m）
17	电杆围桩保护		在河道内打桩
18	电杆石笼子		与电杆围桩的画法统一
19	电杆水泥护墩		与电杆围桩的画法统一

序号	名　称	图　例	说　明
20	单方拉线	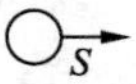	S：拉线程式。多数拉线程式一致时，可以通过设计说明介绍，图中只标注个别的拉线程式
21	单方双拉线（平行拉线）	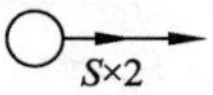	2：两条拉线一上一下，相互平行； S：拉线程式
22	单方双拉线（V型拉线）	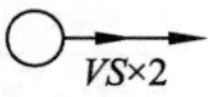	$V×2$：两条拉线一上一下，呈V型，公用一个地锚； S：拉线程式
23	高桩拉线	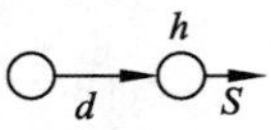	h：高桩拉线杆的杆高（单位：m）； d：正拉线的长度，即高桩拉线杆至拉线杆的距离（单位：m）； S：副拉线的拉线程式
24	Y形拉线（八字拉线）	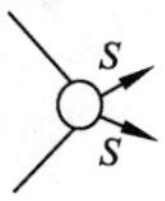	S：拉线程式
25	吊板拉线	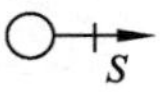	S：拉线程式
26	电杆横木或卡盘		
27	电杆双横木		
28	横木或卡盘（终端杆）		横木或卡盘：放置在电杆杆根的受力点处
29	横木或卡盘（角杆）	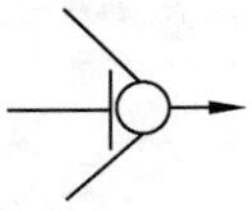	横木或卡盘：放置在电杆杆根的受力点处
30	横木或卡盘（跨路）	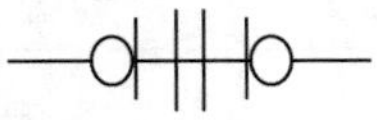	横木或卡盘：放置在电杆杆根的受力点处
31	横木或卡盘（长杆档）	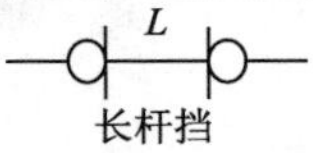	横木或卡盘：放置在电杆杆根的受力点处
32	单接木杆（跨越）	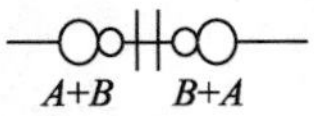	A：单接杆的上节（大圆）杆高（单位：m）； B：单接杆的下节（小圆）杆高（单位：m）
33	单接木杆（坡地）	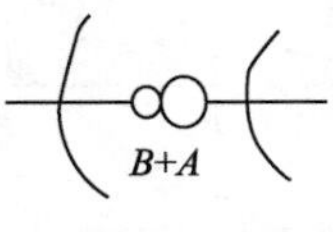	A：单接杆的上节（大圆）杆高（单位：m）； B：单接杆的下节（小圆）杆高（单位：m）
34	单接木杆（角杆）	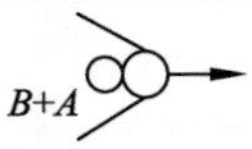	A：单接杆的上节（大圆）杆高（单位：m）； B：单接杆的下节（小圆）杆高（单位：m）

第4章　通信线路的现场勘察与工程图纸的绘制

序号	名　称	图　例	说　明
35	电杆护桩	p_m / K	K：护桩的规格程式（单位：mm 和 m）； p_m：电杆编号
36	电杆帮桩	p_m / K	K：帮桩的规格程式（单位：mm 和 m）； p_m：电杆编号
37	打桩单杆（单接杆）	B/p_m	B：打桩单接杆的下节（小圆）杆高（单位：m）； p_m：电杆编号
38	打桩双杆（品接杆）	$B×2/p_m$	B：打桩品接杆的下节（小圆）杆高（单位：m）； p_m：电杆编号
39	防风拉线（对拉）	S / S	S：防风拉线的拉线程式
40	防凌拉线（四方拉）	S m m S S S S S	S：防凌拉线的"侧向拉线"程式（7/2.2 钢绞线）； m：防凌拉线的"顺向拉线"程式（7/3.0 钢绞线）

4. 民用建筑线路常用图例（见表 4-9）

表 4-9　民用建筑线路常用图例

序号	名　称	图　例	说　明
1	光、电转换器	O/E	O：光信号； E：电信号
2	电、光转换器	E/O	O：光信号； E：电信号
3	光中继器		
4	墙壁综合箱（明挂式）		
5	墙壁综合箱（壁嵌式）		
6	过路盒（明挂式）		
7	过路盒（壁嵌式）		
8	OUN 设备	ONU	ONU：光网络单元

序号	名　称	图　例	说　明
9	ODF 设备	ODF	ODF：光纤配线架
10	OLT 设备	OLT	OLT：光线路终端
11	光分配器	1:n	n：分光路数
12	家居配线箱	P	
13	室内线路（暗管）（细管单缆）	A L B室内墙壁 暗管与线缆 ϕ_m ab	A、B：分段标注的起始点； L：A、B两点之间暗管的段长（单位：m），应按 $A-B$ 方向分段标注； ϕ_m：暗管的直径（单位：mm）。 a、b：线缆的型号及容量
14	室内线路（明管）（细管单缆）	A L B室内墙壁 暗管与线缆 Φ_m ab	A、B为分段标注的起始点。 L：A、B两点之间明管的段长（单位：米），应按 $A-B$ 方向分段标注。 Φ_m：明管的直径（单位：mm）； a、b：线缆的型号及容量
15	室内槽盒线路（槽盒）（大槽多缆）	A L B室内墙壁 $[\frac{A \times B}{ab}]$	A、B为分段标注的起始点； L：A、B两点之间槽盒的段长（单位：m），应按 $A-B$ 方向分段标注； $A \times B$：槽盒的高与宽（单位：mm）； a、b：线缆的型号及容量
16	室内钉固线路	A L B室内墙壁 线缆 $[ab]$	A、B为分段标注的起始点； L：A、B两点之间钉固线缆的段长（单位：m），应按 $A-B$ 方向分段标注； a、b：线缆的型号及容量

5. 配线架图例（见表 4-10）

表 4-10　配线架图例

序号	名　称	图　例	说　明
1	光纤总配线架	H OMDF V	OMDF：表示光纤总配线架； H：表示设备侧横板端子板； V：表示线路侧立板端子板
2	光分路器箱	$\overline{m}$:n	m：配线光缆芯数； n：分光路数
3	光分纤箱	m:n	m：配线光缆芯数； n：引入光缆条数

习　题

结合本小节内容，阅读并分析以下通信线路图，如图 4-32 所示。

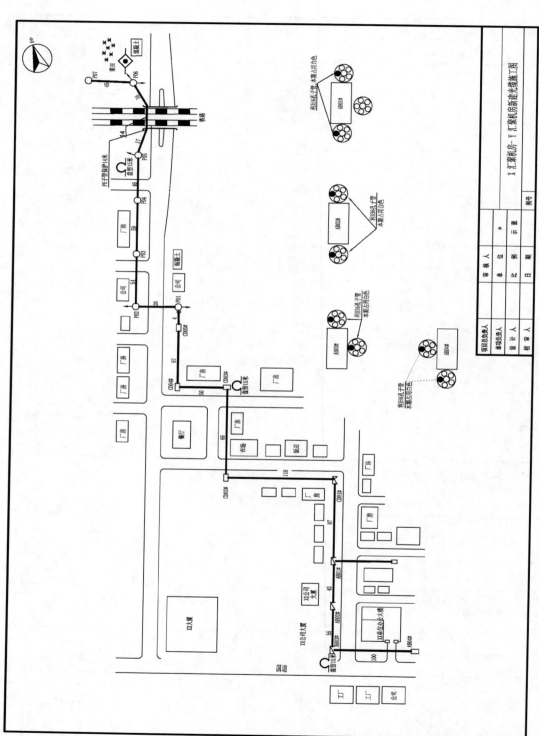

图 4-32 通信线路图

第5章

➡ 通信线路的设计与工程图纸的图例

通信线路工程设计必须保证通信网整体通信质量，技术先进、经济合理、安全可靠。设计中应当进行多方案比较，努力提高经济效益，降低工程造价。

通信线路工程设计应与通信发展规划相结合，合理利用已有网络设施和装备器材。建设方案、技术方案、设备选型应以网络发展规划为依据，充分考虑中远期发展。

通信线路工程设计中采用的电信设备应取得工业和信息化部（含原信息产业部）颁发的电信设备入网许可证。未取得入网许可证的设备不得在工程中使用。

通信线路工程设计必须遵守相关法律法规，贯彻国家基本建设方针政策，合理利用资源，节约建设用地，重视历史文物、自然环境和景观的保护。

除国家法律外，通信线路工程还应符合《建设工程质量管理条例》《中华人民共和国电信条例》《通信建设市场管理办法》《国际通信设施建设管理规定》《电信建设管理办法》《通信工程质量监督管理规定》《通信建设项目招标投标管理暂行规定》等行政规章的要求。

本章中主要讨论新建陆地通信传输系统的线路工程设计，改建、扩建及其他通信线路的设计可参照本书的相关内容。

 学习目标

通过本章的学习，学生将：

- 基本熟悉与室外通信线路设计相关的规范与标准，能够根据规范与标准，初步建立按规范与标准进行通信线路设计的理念。
- 依据相关的规范与标准，能够对通信线路的路由选择、各类通信线路的工程建设等提出方案或建议。
- 能够利用绘图工具与软件，结合相关的规定与标准，绘制通信线路的设计图纸。

5.1 通信线路的设计

5.1.1 通信线路网设计

通信线路网包括光缆线路及电缆线路两部分。光缆线路网是指局站内光缆终端设备到相邻局站的光缆终端设备之间的光缆径由，由光缆、管道、杆路和光纤连接及分支设备构成。电缆线路网是指局站内电缆配线架到用户侧终端设备之间的电缆径由，由主干电缆、配线电缆和用户引入线以及电缆线路的管道、杆路和分线设备、交接设备构成。

1. **光缆线路网的设计原则**

① 光缆线路网应安全可靠，向下逐步延伸至通信业务最终用户。

② 光缆线路网的容量和路由，在通信发展规划的基础上，综合考虑远期业务需求和网络技术发展趋势，确定建设规模。

③ 同一路由上的光缆容量应综合考虑，不宜分散设置多条小芯数光缆。原来有多条小芯数光缆时，也不宜再增加新的小芯数光缆。

④ 干线光缆芯数按远期需求确定，本地网和接入网按中期需求配置，并留有足够冗余。

⑤ 新建光（电）缆线路时，应考虑共建共享的各电信运营企业的容量需求。

2. 光缆线路的设计要求

① 光缆线路在野外非城镇地段敷设时应以采用管道或直埋方式为主，其中省内长途光缆线路和本地光缆线路也可采用架空方式。

② 光缆线路在城镇地段敷设应以采用管道方式为主。对不具备管道敷设条件的地段，可采用简易塑料管道、槽道或其他适宜的敷设方式。

③ 光缆线路在下列情况下可采用局部架空敷设方式：

● 只能穿越峡谷、深沟、陡峻山岭等采用管道或直埋敷设方式不能保证安全的地段。

● 地下或地面存在其他设施，施工特别困难、原有设施业主不允许穿越或赔补费用过高的地段。

● 因环境保护、文物保护等原因无法采用其他敷设方式的地段。

● 受其他建设规划影响，无法进行长期性建设的地段。

● 地表下陷、地质环境不稳定的地段。

● 管道或直埋方式的建设费用过高，且架空方式不影响当地景观和自然环境的地段。

④ 在长距离直埋光缆的局部地段采用架空方式时，可不改变光缆程式。

⑤ 跨越河流的光缆线路，宜采用桥上管道、槽道或吊挂敷设方式；无法利用桥梁通过时，其敷设方式应以线路安全稳固为前提，并结合现场情况按下列原则确定。

● 河床情况适宜的一般河流可采用定向钻孔或水底光缆的敷设方式。采用定向钻孔时，根据实际情况可不改变光缆护层结构。

● 遇有河床不稳定，冲淤变化较大，河道内有其他建设规划，或河床土质不利于施工，无法保障水底光缆安全时，可采用架空跨越方式。

⑥ 应在分析用户发展数量、地域和时间的基础上，通过选择不同配线方式、路由、网络拓扑建筑方式等技术措施，使接入光缆网构成一个调度灵活，纤芯使用率高、投资节省、便于发展、利于运营维护的网络。

⑦ 接入网光缆线路可参照电缆交接配线方式进行建设，交接区的划分应充分考虑光纤接入技术的发展。

3. 电缆线路网的设计原则

电缆线路网的建设应在不断适应局内交换设备容量的情况下，根据用户需求范围，按电缆出局方向、电缆路由或配线区，分期分批地逐步建成。

电缆线路网的设计应符合以下原则：

① 电缆线路网的容量和路由，在通信发展规划的基础上，考虑满足相应年限的需要，并与已建和后续工程相结合确定。

② 考虑线路网的整体性，积极采用新技术、新设备，满足业务和用户的发展和变动，安全灵活、经济节约。

③ 城区内优先选择管道敷设方式，并逐步实现线路网的隐蔽入地，不破坏自然环境和景观。

4. **电缆线路的设计要求**

① 原有的电缆拆移，仅在确有新增业务需求且无法通过调剂现有网络解决时才可进行。

② 同一路由上的电缆容量应综合考虑，不宜分散设置多条小对数电缆。原来有多条小对数电缆时，也不宜再增加新的小对数电缆。

③ 用户主干电缆设计，应在分析用户发展数量、地域和时间的基础上，通过选择不同配线方式、路由、对数、芯线递减点和建筑方式等技术措施，使主干电缆构成一个调度灵活、芯线使用率高、投资节省、便于发展、利于运营维护的网络。

④ 电缆线路网的配线方式应以交接配线为主，辅以直通配线和自由配线，不宜采用复接配线。交接配线宜采用一级交接配线及固定交接区。在局站周围 500 m 范围内的直接服务区，可采用直通配线或自由配线，其中自由配线方式用于全色谱全塑电缆的配线线路。对于原有电缆线路，如果不需要过多调整改造时，可维持其原有的配线方式不变。

⑤ 主干电缆不宜进行复接，采用交接配线方式的配线电缆也不宜进行复接。

⑥ 设计用户电缆线路网时，各段落的电缆芯线设计使用率宜符合表 5-1 的规定。

表 5-1　工程设计电缆芯线使用率

电缆敷设段落	芯线使用率/%
电话交换局—交接箱	85 ~ 90
交接箱—不复接的终端配线设备	50 ~ 70
电话交换局—终端配线设备	40 ~ 60

⑦ 电缆不宜递减过频。对于下列情况不宜递减：
- 扩建困难的地区。
- 未来有发展可能，要求线路设备具有灵活性的地区。
- 管道管孔紧张的地段。

⑧ 分线设备容量可按满足年限内所收容的用户数的 1.2~1.5 倍配置，结合分线设备的标称系列选用。

⑨ 交接区的划分应以自然地理条件为主和所收容的用户数，按照远近期结合、技术经济合理的原则，结合城市规划的居住小区、街坊划分，也可结合原有交接区或配线区、配线电缆的分布和路由走向，根据用户的发展合理划分、分割或合并。交接区划定后应保持稳定。交接区范围不宜过大，以缩短配线电缆长度。

⑩ 电缆线序的排列和分线设备的编排应由远而近，由小到大编排。

⑪ 对原有线路设备的利用应符合下列原则：
- 管道式电缆不宜抽换。只有在管孔拥塞无法增设电缆且无法扩充管道时，或技术经济方面不合理时，才可将原有小对数电缆抽换为大对数电缆或光缆。
- 架空配线电缆及其他线路设备应尽量减少拆换，充分利旧。

5.1.2　光（电）缆及终端设备的选择

1. **选择原则**

① 光传输网中应使用单模光纤。光纤的选择必须符合国家及行业标准和 ITU-T 相关建

议的要求。

② 光缆中光纤数量的配置应充分考虑到网络冗余要求、未来预期系统制式、传输系统数量、网络可靠性、新业务发展、光缆结构和光纤资源共享等因素。

③ 光缆中的光纤应通过不小于 0.69 GPa 的全程张力筛选，光纤类型根据应用场合按下列原则选取：

- 长途网光缆宜采用 G.652 或 G.655 光纤。
- 本地网光缆宜采用 G.652 光纤。
- 接入网光缆宜采用 G.652 光纤，当需要抗微弯光纤光缆时，宜采用 G.657A 光纤。

④ 电缆的容量应根据用户的分布及需求，结合电缆芯数系列，在充分提高芯线使用率的基础上，选用适当容量的电缆。

⑤ 电缆线路网中的管道主干电缆应采用大对数电缆，以提高管道管孔的含线率。

⑥ 电缆线径应考虑统一环路设计，基本线径应采用 0.4 mm，特殊情况下可采用 0.6 mm。

2. 光缆的选择

① 光缆结构宜使用松套填充型或其他更为优良的方式。同一条光缆内应采用同一类型的光纤，不应混纤。

② 光缆线路应采用无金属线对的光缆。根据工程需要，在雷害或强电危害严重地段可选用非金属构件的光缆，在蚁害严重地段可选用防蚁光缆。

③ 光缆护层结构应根据敷设地段环境、敷设方式和保护措施确定。光缆护层结构的选择应符合下列规定：

- 直埋光缆：PE 内护层+防潮铠装层+PE 外护层，或防潮层+PE 内护层+铠装层+PE 外护层，宜选用 GYTA53、GYTA33、GYTS、GYTY53 等结构。
- 采用管道或硅芯管保护的光缆：防潮层+PE 外护层，宜选用 GYTA、GYTS、GYTY53、GYFTY 等结构。
- 架空光缆：防潮层+PE 外护层，宜选用 GYTA、GYTS、GYTY53、GYFTY、ADSS、OPGW 等结构。
- 水底光缆：防潮层+PE 内护层+钢丝铠装层+PE 外护层，宜选用 GYTA33、GYTA333、GYTS333、GYTS43 等结构。
- 局内光缆：非延燃材料外护层。
- 防蚁光缆：直埋光缆结构+防蚁外护层。

④ 光缆的力学性能应符合表 5-2 的规定。光缆在承受短期允许拉伸力和压扁力时，光纤附加衰减应小于 0.1 dB，应变小于 0.1%，拉伸力和压扁力解除后光纤应无明显残余附加衰减和应变，光缆也应无明显残余应变，护套应无开裂。光缆在承受长期允许拉伸力和压扁力时，光纤应无明显的附加衰减和应变。

表 5-2　光缆允许拉伸力和压扁力的力学性能表

光 缆 类 型	允许拉伸力/N		允许压扁力/（N/100 mm）	
	短　期	长　期	短　期	长　期
管道和非自承架空	1 500	600	1 000	3 00
直埋	3 000	1 000	3 000	1 000
特殊直埋	10 000	4 000	5 000	3 000

光缆类型	允许拉伸力/N		允许压扁力/（N/100 mm）	
	短　期	长　期	短　期	长　期
水下（20000 N）	20 000	10 000	5 000	3 000
水下（4000 N）	40 000	20 000	8 000	5 000

3. 电缆的选择

① 电缆结构选择可对照表 5-3 结合工程条件和使用场合综合选定，并应符合以下要求：

● 根据使用要求选择芯线绝缘层，绝缘层的电气性能和物理力学性能符合规定。

● 根据电缆敷设方式、敷设场所和环境条件，选用全塑电缆时，电缆护套应采用铝塑综合护套；室内成端电缆和室内配线电缆必须采用非延燃型电缆。

● 管道电缆的外径应适于敷设在管孔内。

● 全塑电缆的工作环境温度为 –30 ~ +60 oC，超出规定的温度范围时，应根据工作环境要求特殊选择。

表 5-3　各种主要型号电缆的使用场合

电缆类型	无外护层电缆	自承式	有外保护层电缆				
			单层钢带纵包	双层钢带纵包	双层钢带绕包	单层细钢丝绕包	单层粗钢丝绕包
电缆型号代号	HYA	HYAC					
	HYFA						
	HYPA						
	HTAT		HYAT53	HYAT553	HYAT23	HYAT33	HYAT43
	HYFAT		HYFAT53	HYFAT553	HYFAT23		
	HYPAT		HYPAT53	HYPAT553	HYPAT23		
主要使用场合	管道架空	架空	埋式	埋式	埋式	水下	水下

② 工程设计中采用的电缆品种型号不宜过多。

③ 结合原有电缆网的条件及本地区实际情况，新设电缆线路应全部选用全塑电缆，地下管道电缆宜选用充气型，埋式和配线管道电缆可选用填充型。

④ 架空电缆不宜超过 400 对。容量在 400 对及以上的大对数电缆，以及较重要或有特殊要求的电缆应采用地下敷设方式。

⑤ 地下敷设方式可采用塑料外护套电缆在管道内敷设，一个管孔中宜穿放一条电缆。当仅需一条容量在 400 对以下的电缆且不具备建筑管道条件时，可采用埋式敷设，也可根据实际情况采用暗渠或加管保护的敷设方式。

⑥ 配线电缆可视工程具体情况采用街坊配线、沿街配线或室内配线方式，并应逐步纳入驻地网建设和城市建设规划。配线电缆宜采用管道敷设方式。

⑦ 局内电缆应采用非延燃型电缆。

⑧ 非填充型主干电缆应采用充气维护，装设气压监测系统。气压监测信号器应装于电

第 5 章　通信线路的设计与工程图纸的图例

125

缆套管内。

4. 终端设备的选择

① 光缆终端用 ODF 应满足以下要求：

- 光配线架应符合 YD/T 778—2011《光纤配线架》的有关规定。
- 机房内原有 ODF 空余容量能够满足本期需要时，可不配置新的 ODF。
- 新配置的 ODF 容量应与引入光缆的终端需求相适应，外形尺寸、颜色应与机房原有设备一致。
- ODF 内光缆金属加强芯固定装置应与 ODF 绝缘。
- 光纤终接装置的容量应与光缆的纤芯数相匹配，盘纤盒应有足够的盘绕半径和容积，以便于光纤盘留。

② 配置光缆交接箱应满足以下要求：

- 应符合 YD/T 988—2015《通信光缆交接箱》的有关规定。
- 应具有光缆固定与保护功能、纤芯终接与调度功能。
- 新配置交接箱容量应按规划期末的最大需求进行配置，参照交接箱常用容量系列选定。
- 交接箱（见图 5-1）颜色和标识应符合电信业务经营者的要求。
- 光纤终接装置的容量应与光缆的纤芯数相匹配，盘纤盒应有足够的盘绕半径，便于光纤盘留。

图 5-1 交接箱

5.1.3 通信线路路由的选择

新建通信线路路由的选择包括光缆线路路由选择和电缆线路路由选择，具体内容在第 4 章做介绍，此处不再重复。

5.1.4 光缆线路敷设安装设计

1. 光缆线路敷设安装设计的一般要求

① 光缆在敷设安装中，应根据敷设地段的环境条件，在保证光缆不受损伤的原则下，

因地制宜地采用人工或机械敷设。

② 施工中应保证光缆外护套的完整性。直埋光缆金属护套对地绝缘电阻的竣工验收指标应不低于 10 MΩ·km；其中允许 10% 的单盘光缆不低于 2 MΩ。

③ 光缆敷设安装的最小曲率半径应符合表 5-4 的规定。

表 5-4　光缆缆敷设安装的最小曲率半径

光缆外护层形式	无外护层或 04 型	53、54、33、34 型	333 型、43 型
静态弯曲	10D	12.5D	15D
动态弯曲	20D	25D	30D

注：D 为光缆外径。

④ 光缆敷设安装的重叠、增长和预留长度可结合工程实际情况参照表 5-5 确定。

表 5-5　光缆增长和预留长度参考值

项　　目	敷　设　方　式			
	直　　埋	管　　道	架　　空	水　　底
接头每侧预留长度	5~10 m	5~10 m	5 ~ 10 m	
人手孔内自然弯曲增长		0.5~1 m		
光缆沟或管道内弯曲增长	7‰	10‰		按实际
架空光缆弯曲增长			7‰~10‰	
地下局站内每侧预留	5~10 m，可按实际需要调整			
地面局站内每侧预留	10~20 m，可按实际需要调整			
因水利、道路、桥梁等建设规划导致的预留	按实际需要			

⑤ 光缆在各类管材中穿放时，光缆的外径宜不大于管孔内径的 90%。光缆敷设安装后，管口应封堵严密。

2. 直埋光缆敷设安装设计要求

① 直埋光缆线路应避免敷设在将来会建筑道路、房屋和挖掘取土的地点，且不宜敷设在地下水位较高或长期积水的地点。

② 光缆埋深应符合表 5-6 的规定。

表 5-6　光缆埋深标准

敷设地段及土质		埋深（m）
普通土、硬土		≥1.2
砂砾土、半石质、风化石		≥1.0
全石质、流砂		≥0.8
市郊、村镇		≥1.2
市区人行道		≥1.0
公路边沟	石质（坚石、软石）	边沟设计深度以下 0.4
	其他土质	边沟设计深度以下 0.8
公路路肩		≥0.8
穿越铁路（距路基面）、公路（距路面基底）		≥1.2

敷设地段及土质	埋深/m
沟基、水塘	≥1.2
河流	按水底光缆要求

注：● 边沟设计深度为公路或城建管理部门要求的深度。

  ● 石质、半石质地段应在沟底和光缆上方各铺 100 mm 厚的细土或沙土，此时光缆的埋深相应减少。

  ● 上表中不包括冻土地带的埋深要求，其埋深在工程设计中应另行分析取定。

③ 光缆可同其他通信光缆或电缆同沟敷设，但不得重叠或交叉，缆间的平行净距不应小于 100 mm。

④ 光缆线路标石的埋设应符合下列要求。

a. 下列地点埋设光缆标石：

● 光缆接头、转弯点、预留处。

● 适于气流法敷设的硅芯塑料管的开断点及接续点，埋式人（手）孔的位置。

● 穿越障碍物或直线段落较长，利用前后两个标石或其他参照物寻找光缆有困难的地方。

● 装有监测装置的地点及敷设防雷线、同沟敷设光（电）缆的起止地点。直埋光缆的接头处应设置监测标石；此时可不设置普通标石。

● 需要埋设标石的其他地点。

b. 利用固定的标志来标示光缆位置时，可不埋设标石。

c. 光缆标石宜埋设在光缆的正上方。接头处的标石，埋设在光缆线路的路由上；转弯处的标石，埋设在光缆线路转弯处的交点上。标石埋设在不易变迁、不影响交通与耕作的位置。如埋设位置不易选择，可在附近增设辅助标记，以三角定标方式标定光缆位置。

图 5-2 所示为光缆线路标石与地标。

图 5-2　光缆线路标石与地标

⑤ 在地势较高、较平坦和地质稳固之处，应避开水塘、河渠、沟坎、道路、桥上等施工、维护不便或接头有可能受到扰动的地点。光缆接头盒可采用水泥盖板或其他适宜的防机械损伤的保护措施。

⑥ 铁路、轻轨线路、通车繁忙或开挖路面受到限制的公路时，应采用钢管保护，或定向钻孔地下敷管，但应同时保证其他地下管线的安全。采用钢管时，应伸出路基两侧排水沟外 1m，光缆埋深距排水沟沟底应不小于 800 mm，并符合相关部门的规定。钢管内径应满足安装子管的要求，但应不小于 80 mm。钢管内应穿放塑料子管，子管数量视实际需要确定，一般不少于两根。

⑦ 光缆线路穿越允许开挖路面的公路或乡村大道时，应采用塑料管或钢管保护，穿越有动土可能的机耕路时，应采用铺砖或水泥盖板保护。

⑧ 光缆线路通过村镇等动土可能性较大地段，可采用大长度塑料管、铺砖或水泥盖板保护。

⑨ 光缆穿越有疏浚和拓宽规划或挖泥可能的较小沟渠、水塘时，应在光缆上方覆盖水泥盖板或砂浆袋，也可采取其他保护光缆的措施。

⑩ 光缆敷设在坡度大于 20°，坡长大于 30 m 的斜坡地段宜采用 "S" 形敷设。坡面上的光缆沟有受到水流冲刷的可能时，应采取堵塞加固或分流等措施。在坡度大于 30°的较长斜坡地段敷设时，宜采用特殊结构（一般为钢丝铠装）光缆。

⑪ 光缆穿越或沿靠山涧、模流等易受水流冲刷的地段时，应根据具体情况设置漫水坡、水泥封沟、挡水墙或其他保护措施。

⑫ 光缆在地形起伏比较大的地段（如台地、梯田、干沟等处）敷设时，应满足规定的埋深和曲率半径要求。光缆沟应因地制宜采取措施防止水土流失，保证光缆安全，一般高差在0.8 m 及以上时，应加护坎或护坡保护。

⑬ 光缆在桥上敷设时，应考虑机械损伤、振动和环境温度的影响，并采取相应的保护措施。

⑭ 直埋光（电）缆与其他建筑设施间的最小净距应符合表 5-7 的要求。

表 5-7　直埋光（电）缆与其他建筑设施间的最小净距

名　　称	平行时/m	交越时/m
通信管道边线（不包括人手孔）	0.75	0.25
非同沟的直埋通信光（电）揽	0.5	0.25
埋式电力电缆（交流 35 kV 以下）	0.5	0.5
埋式电力电缆（交流 35 kV 及以上）	2.0	0.5
给水管（管径小于 300 mm）	0.5	0.5
给水管（管径小于 300~500 mm）	1.0	0.5
给水管（管径大于 500 mm）	1.5	0.5
高压油管、天然气管	10.0	0.5
热力、排水管	1.0	0.5
燃气管（压力小于 300 kPa）	1.0	0.5
燃气管（压力 300~1 600 kPa）	2.0	0.5
通信管道	0.75	0.25
其他通信线路	0.5	
排水沟	0.8	0.5

名　　称	平行时/m	交越时/m
房屋建筑红线或基础	1.0	
树木（室内、村镇大树、果树、行道树）	0.75	
树木（室外大树）	2.0	
水井、坟墓	3.0	
粪坑、积肥池、沼气池、氨水池等	3.0	
架空杆路及拉线	1.5	

注：① 直埋光缆采用铜管保护时，与水管、燃气管、输油管交越时的净距可降低为 0.15 m。

② 对于杆路、拉线、孤立大树和高耸建筑，还应考虑防雷要求。

③ 大树指直径 300 mm 及以上的树木。

④ 穿越埋深与光缆相近的各种地下管线时，光缆宜在管线下方通过。

⑤ 隔距达不到表中要求时，应采取保护措施。

3. 管道光缆敷设安装设计要求

① 在市区新建管道时，应符合 GB 50373—2006《通信管道与通道工程设计规范》的要求。

② 通信管道材料。通信管道通常采用的管材主要包括：水泥管块、硬质或半硬质聚乙烯（或聚氯乙烯）塑料管以及钢管等。水泥管块被广泛用在城区的主干和配线管道建设上。通信用塑料管的材料主要有两种：聚氯乙烯（PVC-U）和高密度聚乙烯（HDPE），在高寒地区的特殊环境宜采用高密度聚乙烯（HDPE）管。塑料管道结构包括：单孔双壁波纹式塑料管、硅芯式塑料管、多孔式塑料管（包括蜂窝式塑料管和栅格式塑料管等）。硅芯式塑料管其内壁有硅芯层起润滑作用，摩擦因数小，被广泛用在光缆保护管。

关于通信管道管材的选用，对于城区新建的道路应首选水泥管道；对于城区原有道路各种综合管线较多、地形复杂的路段应选择塑料管道；用于光缆建设的专用管道应选用塑料管道；在郊区和野外的长途光缆管道建设应选用硅芯管塑料管道。

图 5-3 所示为塑料管及塑料管道建设的现场。

图 5-3　塑料管及塑料管道建设的现场

③ 管道光缆占用的管孔位置可优先选择靠近管群两侧的适当位置。光缆在各相邻管道段所占用的孔位应相对一致，当需要改变孔位时，其变动范围不宜过大，并避免由管群的一

侧转移到另一侧。

④ 在水泥、陶瓷、钢铁或其他类似材质的管道中敷设光缆时，应视情况使用塑料子管以保护光缆。在塑料管道中敷设时，大孔径塑管中应敷设多根塑料子管以节省空间。

⑤ 子管的敷设安装应符合下列规定：

- 子管采用材质合适的塑料管材。
- 子管数量根据管孔直径及工程需要确定。数根子管的总等效外径宜不大于管孔内径的 90%。
- 一个管孔内安装的数根子管应一次性穿放。子管在两人（手）孔间的管道段应无接头。
- 子管在人（手）孔内应伸出适宜的长度，可为 200~400 mm。
- 本期工程不用的子管，管口应安装塞子。

⑥ 光缆接头盒在人（手）孔内宜安装在常年积水水位以上的位置，采用保护托架或其他方法承托。

⑦ 人（手）孔内的光缆应固定牢靠，宜采用塑料软管保护，并有醒目的识别标志或光缆标牌。

⑧ 光缆在比较特殊的管道中（公路、铁路、桥梁以及与其他大孔径管道等）同沟敷设时，应充分考虑到诸如路面沉降、冲击、振动、剧烈温度变化导致结构变形等因素对光缆线路的影响，并采取相应的防护措施。

图 5-4 为施工人员正在进行光缆的管道敷设。

图 5-4 光缆线路的敷设施工

⑨ 人（手）孔的设计。

a. 人（手）孔位置的设置：

- 人（手）孔位置应设置在光（电）缆分支点，引上光（电）缆汇接点，坡度较大的管线拐弯处。道路交叉路口或拟建地下引入线路的建筑物旁宜建人（手）孔。
- 交叉路口的人（手）孔位置，宜选择在人行道或绿化地带。
- 人（手）孔位置应与其他相邻管线及管井保持距离，并相互错开。
- 人（手）孔位置不应设置在建筑物正门前，货物堆场和低洼积水处。
- 通信管道穿越铁道和较宽的道路时，应在其两侧设置人（手）孔。

b. 人孔型号应根据终期管群容量大小确定。综合目前通信管道的建设和使用情况，人（手）孔型号的选择宜按下列孔数选择：

- 单一方向标准孔（孔径 90 mm）不多于 6 孔、孔径为 28 mm 或 32 mm 的多孔管不多于 12 孔容量时，宜选用手孔。
- 单一方向标准孔（孔径 90 mm）不多于 12 孔、孔径为 28 mm 或 32 mm 的多孔管不多于 24 孔容量时，宜选用小号人孔。
- 单一方向标准孔（孔径 90 mm）不多于 24 孔、孔径为 28 mm 或 32 mm 的多孔管不多于 36 孔容量时，宜选用中号人孔。
- 单一方向标准孔（孔径 90 mm）不多于 48 孔、孔径为 28 mm 或 32 mm 的多孔管不多于 72 孔容量时，宜选用大号人孔。

c. 人（手）孔型号按表 5-8 所示的规定选用。

表 5-8　人（手）孔型号

型　　式		管道中心线交角	备　　注
直　通　型		< 7.5°	适用于直线通信管道中间设置的人孔
斜通型 （亦称扇形）	15°	7.5° ~22.5°	适用于非直线折点上设置的人孔
	30°	22.5° ~37.5°	
	45°	37.5° ~52.5°	
	60°	52.5° ~67.5°	
	75°	67.5° ~82.5°	
三通型 （亦称拐弯型）		> 82.5°	适用于直线通信管道上有另一方向分歧通信管道，其分歧点设置的人孔或局前人孔
四通型 （亦称分歧型）		—	适用于纵横两路通信管道交叉点上设置的人孔，或局前人孔
局前人孔		—	适用于局前人孔
手孔		—	适用于光缆线路简易塑料管道、分支引上管道

图 5-5 所示为小号人孔平面图和小号人孔断面图。

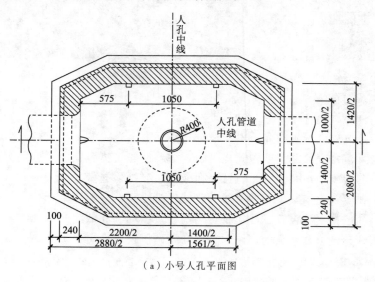

（a）小号人孔平面图

图 5-5　小号人孔平面图和断面图

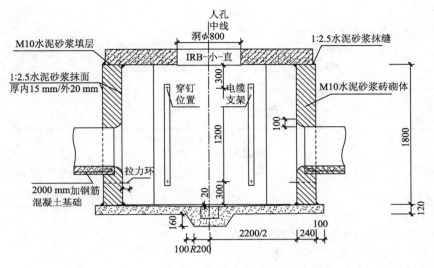

（b）小号人孔断面图

图 5-5　小号人孔平面图和断面图（续）

d. 对于地下水位较高地段，人（手）孔建筑应做好防水处理。

e. 人（手）孔应采用混凝土基础，遇到土壤松软或地下水位较高时，还应增设渣石垫层和采用钢筋混凝土基础。

f. 人（手）孔盖应有防盗、防滑、防跌落、防位移、防噪声等措施，井盖上应有明显的用途及产权标志。

图 5-6 所示为人（手）孔井盖图。

图 5-6　人（手）孔井盖图

4. 架空光缆敷设安装设计要求

① 架空光缆线路应根据不同的负荷区，采取不同的建筑强度等级。线路负荷区的划分应根据气象条件按表 5-9 确定。

表 5-9　划分线路负荷区的气象条件

气 象 条 件	负 荷 区 别			
	轻 负 荷 区	中 负 荷 区	重 负 荷 区	超重负荷区
冰凌等效厚/mm	≤5	≤10	≤15	≤20

气象条件	负荷区别			
	轻负荷区	中负荷区	轻负荷区	超重负荷区
结冰时温度/℃	−5	−5	−5	−5
结冰时最大风速/（m/s）	10	10	10	10
无冰时最大风速/（m/s）	25			

注：● 冰凌的密度为 0.9 g/cm³；如果是冰霜混合体，可按其厚度的 1/2 折算为冰厚。

　　● 最大风速应以气象台自动记录 10 min 的平均最大风速为计算依据。

　　● 最大冰凌厚度和最大风速，应根据建设地段的气象资料，按照平均每十年为一周期出现的数据选定。

　　② 个别冰凌严重或风速超过 25 m/s 的地段，应根据实际气象条件，单独提高该段线路的建筑标准，不应全线提高。

　　③ 架空光缆可用于轻、中负荷区和地形起伏不很大的地区。超重负荷区、冬季气温低于-30 ℃、大跨距数量较多、沙暴和大风危害严重地区不宜采用。

　　④ 采用架空方式敷设光缆时，必须优先考虑共享原有杆路。

　　⑤ 架空光缆杆线强度应符合 YD 5148—2007《架空光（电）缆通信杆路工程设计规范》的相关要求。利用现有杆路架挂光缆时，应对杆路强度进行核算，保证建筑安全。

　　图 5-7 所示为电杆的架设。

图 5-7　电杆的架设

　　⑥ 架空光缆宜采用附加吊线架挂方式，每条吊线一般只宜架挂一条光缆。根据工程要求也可采用自承式。光缆在吊线上可采用电缆挂钩安装，也可采用螺旋线绑扎。

　　⑦ 吊线的安装应符合下列要求：

　　a. 吊线程式的选择：

- 吊线程式可按架设地区的负荷区别、光缆荷重、标准杆距等因素经计算确定，一般宜选用 7/2.2 和 7/3.0 规格的镀锌钢绞线。
- 一般情况下常用杆距为 50 m。不同钢绞线在各种负荷区适宜的杆距如表 5-10 所示。当杆距超过表 5-10 中的范围时，宜采用正副吊线跨越装置。

表 5-10　吊线规格选用表

吊 线 规 格	负 荷 区 别	杆距/m	备 注
7/2.2	轻负荷区	≤150	
7/2.2	中负荷区	≤100	
7/2.2	重负荷区	≤65	
7/2.2	超重负荷区	≤45	
7/3.0	中负荷区	101~150	
7/3.0	重负荷区	66~100	
7/3.0	超重负荷区	45~80	

b. 吊线的安装和加固：
- 吊线用穿钉（木杆）或吊线抱箍（水泥杆）和三眼单槽夹板安装，也可用吊线担和压板安装。
- 吊线在杆上的安装位置，应兼顾杆上其他缆线的要求，并保证架挂光缆后，在温度和负载发生变化时光缆与其他设施的净距符合相关隔距要求。
- 吊线的终结、假终结、泄力结、仰俯角装置以及外角杆吊线保护装置等按相关规范处理。

图 5-8 所示为吊线的安装。

图 5-8　吊线的安装

⑧ 架空线路与其他设施接近或交越时，其间隔距离应符合下述规定：
- 杆路与其他设施的最小水平净距，应符合表 5-11 的规定。

表 5-11　杆路与其他设施的最小水平净距

其他设施名称	最小水平净距/m	备　注
消火栓	1.0	指消火栓与电杆距离
地下管、缆线	0.5~1.0	包括通信管、缆线与电杆间的距离
火车铁轨	地面杆高的 4/3 倍	
人行道边石	0.5	
地面上已有其他杆路	地面杆高的 4/3 倍	以较长标高为基准
市区树木	0.5	缆线到树干的水平距离
郊区树木	2.0	缆线到树干的水平距离
房屋建筑	2.0	缆线到房屋建筑的水平距离

注：在地域狭窄地段，拟建架空光缆与已有架空线路平行敷设时，若间距不能满足以上要求，可以杆路共享或改用其他方式敷设光缆线路，并满足隔距要求。

- 架空光（电）缆在各种情况下架设的高度，应不低于表 5-12 的规定。

表 5-12　架空光（电）缆架设高度

名　称	与线路方向平行时		与线路方向交越时	
	架设高度/m	备　注	架设高度/m	备　注
市内街道	4.5	最低缆线到地面	5.5	最低缆线到地面
市内里弄（胡同）	4.0	最低缆线到地面	5.0	最低缆线到地面
铁路	3.0	最低缆线到地面	7.5	最低缆线到轨面
公路	3.0	最低缆线到地面	5.5	最低缆线到路面
土路	3.0	最低缆线到地面	5.0	最低缆线到路面
房屋建筑物			0.6	最低缆线到屋脊
			1.5	最低缆线到房屋平顶
河流			1.0	最低缆线到最高水位时的船桅顶
市区树木			1.5	最低缆线到树枝的垂直距离
郊区树木			1.5	最低缆线到树枝的垂直距离
其他通信导线			0.6	一方最低缆线到另一方最高线条
与同杆已有缆线间隔	0.4	缆线到缆线		

- 架空光（电）缆交越其他电气设施的最小垂直净距，应不小于表 5-13 的规定。

表 5-13　架空光（电）缆交越其他电气设施的最小垂直净距

其他电气设备名称	最小垂直净距/m		备　注
	架空电力线路有防雷保护设备	架空电力线路无防雷保护设备	
10 kV 以下电力线	2.0	4.0	最高缆线到电力线条

其他电气设备名称	最小垂直净距、m		备　　注
	架空电力线路有防雷保护设备	架空电力线路无防雷保护设备	
35~110 kV 电力线（含 110 kV）	3.0	5.0	最高缆线到电力线条
110~220 kV 电力线（含 220 kV）	4.0	6.0	最高缆线到电力线条
220~330 kV 电力线（含 330 kV）	5.0		最高缆线到电力线条
330~500 kV 电力线（含 500 kV）	8.5		
供电线接户线（注①）	0.6		
霓虹灯及其铁架	1.6		
电气铁路及电车滑接线（注②）	1.25		

注：① 供电线为被覆线时，光（电）缆也可以在供电线上方交越。

② 光（电）缆必须在上方交越时，跨越档两侧电杆及吊线安装应做加强保护装置。

③ 通信线应架设在电力线路的下方位置，应架设在电车滑接线的上方位置。

⑨ 光缆接头盒可以安装在吊线或者电杆上，并固定牢靠，如图 5-9 所示。

图 5-9　光缆接头盒的安装

⑩ 光缆吊线应每隔 300~500 m 利用电杆避雷线或拉线接地，每隔 1 km 左右加装绝缘体进行电气断开。

⑪ 光缆应尽量绕避可能遭到撞击的地段，确实无法绕避时应在可能撞击点采用纵剖硬质塑料管等保护。引上光缆应采用钢管保护。光缆与架空电力线路交越时，应对交越处做绝缘处理。

⑫ 光缆在不可避免跨越或临近有火险隐患的各类设施时，应采取防火保护措施。

⑬ 墙壁光缆的敷设应满足以下要求：

● 墙壁上不宜敷设铠装光缆。

● 墙壁光缆离地面高度应不小于 3 m。

● 光缆跨越街坊、院内通路时应采用钢绞线吊挂，其缆线最低点距地面应符合表 5-11

第 5 章　通信线路的设计与工程图纸的图例

137

的要求。

⑭ 采用 OPGW 和 ADSS 等电力专用光缆时，应符合相关的电力专业设计规范。图 5-10 所示为 ADSS 光缆及结构。

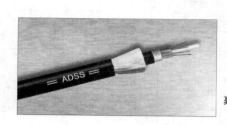 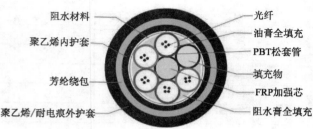

图 5-10　ADSS 光缆（全介质自承式光缆）

5. 水底光缆敷设安装设计要求

① 水底光缆规格选用应符合下列原则。

- 河床及岸滩稳定、流速不大但河面宽度大于 15 0m 的一般河流或季节性河流，采用短期抗张强度为 20 000 N 及以上的钢丝铠装光缆。
- 河床及岸滩不太稳定、流速大于 3 m/s 或主要通航河道等，采用短期抗张强度为 40 000 N 及以上的钢丝铠装光缆。
- 河床及岸滩不稳定、冲刷严重，以及河宽超过 500 m 的特大河流采用特殊设计的加强型钢丝铠装光缆。
- 穿越水库、湖泊等静水区域时，可根据通航情况、水工作业和水文地质状况综合考虑确定。
- 河床稳定、流速较小、河面不宽的河道，在保证安全且不受未来水工作业影响的前提下，可采用直埋光缆过河。
- 如果河床土质及水面宽度情况能满足定向钻孔施工设备的要求，也可选择定向钻孔施工方式，此时可采用在钻孔中穿放直埋或管道光缆过河。

② 水底光缆的过河位置，应选择在河道顺直、流速不大、河面较窄、土质稳定、河床平缓无明显冲刷、两岸坡度较小的地方。下列地点不宜敷设水底光缆：

- 河流的转弯与弯曲处、汇合处和水道经常变动的地方以及险滩、沙洲附近。
- 水流情况不稳定，有旋涡产生，或河岸陡峭不稳定，有可能遭受猛烈冲刷导致坍岸的地方。
- 凌汛危害段落。
- 有拓宽和疏浚计划，或未来有抛石、破堤等导致河势改变可能的地点。
- 河床土质不利于布放、埋设施工的地方。
- 有腐蚀性污水排地的水域。
- 附近有其他水下管线、沉船、爆炸物、沉积物等的水域。
- 码头、港口、渡口、桥梁、锚地、船闸、避风处和水上作业区附近。

③ 水底光缆应避免在水中设置光缆接头。

④ 特大河流、重要的通航河流等，可根据干线光缆的重要程度设置备用水底光缆。主、备用水底光缆应通过连接器箱或分支接头盒进行人工倒换，也可进行自动倒换，为此可设置水线终端房。主备用水底光缆间应保持合适的距离，避免同时受到损害。

⑤ 水底光缆的埋深，应根据河流的水深、通航状况、河床土质等具体情况分段确定。

a. 河床有水部分的埋深应符合下列规定：

- 水深小于 8 m（指枯水季节的深度）的区段，河床不稳定或土质松软时，光缆埋入河底的深度不应小于 1.5 m；河床稳定或土质坚硬时不应小于 1.2 m。
- 水深大于 8 m 的区域，可将光缆直接布放在河底不加掩埋。
- 在游荡型河道等冲刷严重和极不稳定的区段，应将光缆埋设在变化幅度以下；如遇特殊困难不能实现，在河底的埋深亦不应小于 1.5 m，并应根据需要将光缆做适当预留。
- 在有疏浚计划的区段，应将光缆埋设在计划深度以下 1 m，或在施工时暂按一般埋深，但需要将光缆做适当预留，待疏浚时再下埋至要求深度。
- 石质和半石质河床，埋深不应小于 0.5 m，并应加保护措施。

b. 岸滩部分埋深应符合下列要求：

- 比较稳定的地段，光缆埋深不应小于 1.2 m。
- 洪水季节受冲刷或土质松散不稳定的地段适当加深，光缆上岸的坡度宜小于 30°。

c. 对于大型河流，当航道、水利、堤防、海事等部门对拟布放水底光缆的埋深有特殊要求，或有抛锚、运输、渔业捕捞、养殖等活动影响，上述埋深不能保证光缆安全时，应进行综合论证和分析，确定合适的埋深要求。

⑥ 水底光缆的敷设长度，应符号下列要求：

- 有堤的河流，水底光缆应伸出取土区，伸出堤外不宜小于 50 m。无堤的河流，应根据河岸的稳定程度、岸滩的冲刷程度确定，水底光缆伸出岸边不宜小于 50 m。
- 河道、河堤有拓宽或改变规划的河流，水底光缆应伸出规划堤 50 m 以外。
- 土质松散易受冲刷的不稳定岸滩部分，光缆应有适当预留。
- 主、备用水底光缆的长度宜相等，若有长度偏差，应满足传输要求。

⑦ 穿越河流的水底光缆长度，根据河宽和地形情况，可按表 5-14 进行估算或按式（5-1）计算。

表 5-14　水底光缆长度估算表

河 流 情 况	为两终点间丈量长度的倍数
河宽小于 200 m，水深、岸陡、流急，河床变化大	1.15
河宽小于 200 m，水较浅，河床平坦变化小	1.12
河宽 200~500 m，流急，河床变化大	1.12
河宽大于 500 m，流急，河床变化大	1.10
河宽大于 500 m，流缓，河床变化小	1.06~1.08

注：实际应用中，应结合施工方法和技术装备水平综合考虑取定。

水底光缆长度应接下式计算：

$$L = (L_1 + L_2 + L_3 + L_4 + L_5 + L_6) \times (1 + a) \tag{5-1}$$

式中：L——水底光缆长度，单位为 m。

L_1——水底光缆两终端间现场的丈量长度，单位为 m。

L_2——终端固定、过堤、"S"形敷设、岸滩及接头等项增加的长度，单位为 m。

L_3——两终端间各种预留增加的长度，单位为 m。

L_4——布放平面弧度增加的长度，单位为 m，可参照表 5-15 确定。

L_5——水下立面弧度增加的长度，应根据河床形态和光缆布放的断面计算确定，单位为 m。

L_6——施工余量，根据不同施工工艺考虑取定，单位为 m。其中拖轮布放时，可为水面宽度的 8%~10%；抛锚布放时，可为水面宽度的 3%~5%；埋设犁布放时应另行据实计算；人工抬放时一般可不加余量。

a——自然弯曲增长率，根据地形起伏情况，取 1%~1.5%。

表 5-15　布放平面弧度增加长度比例表

f/L_{bs}	6/100	8/100	10/100	13/100	15/100
增加长度	$0.010L_{bs}$	$0.017L_{bs}$	$0.027L_{bs}$	$0.045L_{bs}$	$0.060L_{bs}$

注：表中 L_{bs}，代表布放平面弧度的弦长；f 代表弧线的顶点至弦的垂直高度；f/L_{bs} 代表高弦比。单盘水底光缆的长度不宜小于 500 m。

⑧ 工程设计应按现场勘察的情况和调查的水文资料，确定水底光缆的最佳施工时节和可行的施工方法。

水底光缆的施工方式，应根据光缆规格、河流水文地质状况、施工技术装备和管理水平以及经济效益等因素进行选择，可采用人工或机械挖沟敷设、专用设备敷设等方式。对于石质河床，可视情况采取爆破成沟方式。

⑨ 光缆在河底的敷设位置，应以测量时的基线为基准向上游按弧形敷设。弧形敷设的范围，应包括洪水期间可能受到冲刷的岸滩部分。弧形顶点应设在河流的主流位置，其至基线的距离应按弧形弦长的大小和河流的稳定情况确定，一般可为弦长的 10%，根据冲刷情况或水面宽度可将比率适当调整。当受敷设水域的限制，按弧形敷设有困难时，可采取"S"形敷设。

布放两条及以上的水底光缆，或同一区域有其他光缆或管线时，相互间应保持足够的安全距离。

⑩ 水底光缆接头处金属护套和铠装钢丝的接头方式，应能保证光缆的电气性能、密闭性能和必要的机械强度要求。

⑪ 靠近河岸部分的水底光缆，当有可能受到冲刷、塌方、抛石护坡和船只靠岸等危害时，可选用下列保护措施：

- 加深埋设。
- 覆盖水泥板。
- 采用关节形套管。
- 砌石质光缆沟（应采取防止光缆磨损的措施）。

⑫ 光缆通过河堤的方式和保护措施，应保证光缆和河堤的安全，并符合以下要求：

- 应保证光缆和河堤的安全，并严格符合相关堤防管理部门的技术要求。
- 光缆在穿越土堤时，宜采用爬堤敷设的方式。光缆在堤顶的埋深不应小于 1.2 m，在堤坡的埋深不应小于 1.0 m。堤顶部分兼为公路时，应采取相应的防护措施。若达到埋深要求有困难时，也可采用局部垫高堤面的方式，光缆上垫土的厚度不应小于 0.8 m。河堤的复原与加固应按照河堤主管部门的规定处理。
- 穿越较小的、不会引起次生灾害的防水堤，光缆可在堤基下直埋穿越，但应经河堤主管单位同意。
- 光缆不宜穿越石砌或棍凝土河堤。必须穿越时，其穿越位置与保护措施应与河堤主管部门协商确定。

⑬ 水底光缆的终端固定方式，应根据不同情况分别采取下列措施：

- 对于一般河流，水陆两段光缆的接头，应设置在地势较高和土质稳定的地方，可直接埋于地下，为维护方便也可设置接头人（手）孔。在终端处的水底光缆部分，应设置 1~2 个"S"弯，作为锚固和预留的措施。
- 较大河流，岸滩有冲刷的河流，以及光缆终端处的土质不稳定的河流，除上述措施外，还应对水底光缆进行锚固。

⑭ 敷设水底光缆的通航河流，在过河段的河堤或河岸上设置标志牌。标志牌的数量及设置方式应符合相关海事及航道主管部门的规定。无具体规定时，可按下列要求执行：

- 水面宽度小于 50 m 的河流，在河流一侧的上下游堤岸上，各设置一块标志牌。
- 水面较宽的河流，在水底光缆上、下游的河道两岸均设置一块标志牌。
- 河流的滩地较长或主航道偏向河槽一侧时，需在近航道处设置标志牌。
- 有夜航的河流可在标志牌上设置灯光设备。

⑮ 敷设水底光缆的通航河流，应划定禁止抛锚区域，其范围应按相关航政及航道主管部门的规定执行。无具体规定时，可按下列要求执行。

- 河宽小于 500 m 时，上游禁区距光缆弧度顶点 50~200 m，下游禁区距光缆路由基线 50~100 m。
- 河宽为 500 m 及以上时，上游禁区距光缆弧度顶点 200~400 m，下游禁区距光缆路由基线 100~200 m。
- 特大河流，上游禁区距光缆弧度顶点应大于 500 m，下游禁区距光缆路由基线应大于 200 m。

6. 光缆接续、进局及成端

① 光缆接续应符合下列要求：

- 光缆接头盒应符合 YD/T 814.1—2013《光缆接头盒 第 1 部分：室外光缆接头盒》的相关要求。
- 室外光缆的接续、分歧使用光缆接头盒。光缆接头盒采用密封防水结构，并具有防腐蚀和一定的抗压力、张力和冲击力的能力。
- 长途、本地光缆光纤接续应采用熔接法；接入网光缆光纤接续宜采用熔接法，对不具备熔接的环境可采用冷接法。
- 光纤固定接头的衰减应根据光纤类型、光纤质量、光缆段长度以及扩容规划等因素严格控制，光纤接头衰减限值应满足表 5-16 的规定。

表 5-16　光纤接头衰减限值

接头衰减 光纤类别	单纤/dB		光纤带光纤/dB		测试波长/ nm
	平均值	最大值	平均值	最大值	
G.652	≤0.06	≤0.12	≤0.12	≤0.38	1 310/1 550
G.655	≤0.08	≤0.14	≤0.16	≤0.55	1 550
G.651	≤0.04	≤0.10	≤0.10	≤0.25	850/1 310

注：① 单纤平均值的统计域为中继段光纤链路的全部光纤接头损耗。
　　② 光纤带光纤的平均值统计域为中继段内全部光纤接头损耗。
　　③ 单纤冷接衰减应不大于 0.1 dB/个。

第 5 章　通信线路的设计与工程图纸的图例

- 接头盒应设置在安全和便于维护抢修的地点。人井内光缆接头盒应设置在积水最高水位线以上。

② 光缆进局及成端应符合下列要求：

- 室内光缆应采用非延燃外护套光缆，如采用室外光缆直接引入机房，必须采取严格的防火处理措施。
- 具有金属护层的室外光缆进入机楼（房）时，应在光缆进线室对光缆金属护层做接地处理。
- 在大型机楼内布放光缆需跨越防震缝时，应在该处留有适当余量。
- 在 ODF 架中光缆金属构件用截面不小于 6 mm^2 的铜接地线与高压防护接地装置相连，然后用截面不少于 35 mm^2 的多股铜芯电力电缆引接到机房的第一级接地汇接排或小型局站的总接地汇接排。

7. 硅芯塑料管道敷设安装设计要求

① 硅芯塑料管道路由的选择除应满足路由选择的一般原则规定外，根据其特点，还应符合以下原则。

- 选择硅芯塑料管道路由时应以现有的地形地物、建筑设施和建设规划为主要依据，并应充分考虑铁路、公路、水利、城建等有关部门发展规划的影响。
- 选择路由顺直、地势平坦、地质稳固、高差较小、土质较好、石方量较小、不易塌陷和冲刷的地段，避开地形起伏很大的山区。
- 沿靠现有（或规划）公路等交通线敷设时应顺路取直。
- 长途光缆线路进城应尽量利用现有通信管道。需新建管道时，应与市区管道建设部门进行协调。
- 在公路上或市区内建设塑料管道时，应取得公路或城建、规划等相关主管部门的同意。
- 塑料管道路由不宜选择在地下水位高和常年积水的地区。
- 应便于光缆及空压机设备运达。

② 硅芯塑料通信管道除沿靠公路敷设外，也可在高等级公路中央分隔带下、路肩及边坡和路侧隔离栅以内建设。其敷设位置应便于塑料管道、光缆的施工和维护及机械设备的运输，且宜符合表 5-17 的要求。

表 5-17　硅芯塑料管道铺设位置选择

序　号	铺　设　地　段	塑料管道铺设位置
1	高等级公路	a.中间隔离带
		b.边沟
		c.路肩
		d.防护网内
2	一般公路	a.定型公路：边沟、路肩、边沟与公路用地边缘之间。也可离开公路铺设，但隔距不宜超过 200 m
		b.非定型公路：离开公路，但隔距不宜超过 200 m。避开公路升级、改造、取直、扩宽和路边规划的影响
3	市区街道	a.人行道
		b.慢车道
		c.快车道

序　号	铺　设　地　段	塑料管道铺设位置
4	其他地段	a.地势较平坦、地址稳固、石方量较小
		b.便于机械设备运达

③ 硅芯塑料管道与其他地下管线或建筑物间的隔距应符合"表 5-7 直埋光（电）缆与其他建筑设施间的最小净距"的规定，埋深应根据铺设地段的土质和环境条件等因素按表 5-17 分段确定，且应符合表 5-18 的规定。特殊困难地点可根据铺设硅芯塑料管道要求，提出方案，呈主管部门审定。

表 5-18　硅芯塑料管道理深要求

序　号	铺设地段及土质	上层管道至路面埋深/m
1	普通土、硬土	≥1.0
2	半石质（砂砾土、风化石等）	≥0.8
3	全石质、流砾	≥0.6
4	市郊、村镇	≥1.0
5	市区街道	≥0.8
6	穿越铁路（距路基面）、公路（距路面基底）	≥1.0
7	高等级公路中间隔离带及路肩	≥0.8
8	沟、渠、水塘	≥1.0
9	河流	同水底光缆埋深要求

注：● 人工开槽的石质沟和公（铁）路石质边沟的埋深可减为 0.4 m，并采用水泥砂浆封沟。硬路肩可减为 0.6 m。
　● 管道沟沟底宽度通常应大子管群排列宽度每侧 100 mm。
　● 在高速公路隔离带或路肩开挖管道沟，硅芯塑料管道的埋深及管群排列宽度，应考虑到路方安装防撞栏杆立柱时对塑料管的影响。

④ 长途通信光缆硅芯塑料管道工程中管孔数量及建筑安装方式，应根据工程所经地区的通信业务发展前景，并结合铺设地区的具体条件因地制宜地确定。

⑤ 长途通信光缆硅芯塑料管道宜使用内壁平滑型塑料管。材质一般为高密度聚乙烯（HDPE），管内可加硅芯。硅芯塑料管道配盘时应避免将接头点安排在常年积水的洼地、水塘、河滩、堤坝及铁路、公路的路基下。

⑥ 硅芯塑料管道的敷设应符合下列要求：

● 在一般地区铺设塑料管道，可直接将塑料管放入沟底，不需要另做专门的管道基础。对土质较松散的局部地段，宜将沟底进行人工夯实。
● 塑料管布放后应使用专用接头件尽快连接密封，对引入手孔的管道应及时对端口封堵。
● 同沟布放多根塑料管时，应采用不同色条或颜色的塑料管作分辨标记。也可在人（手）孔内的塑料管道端头处使用不同颜色的 PVC 胶黏带作标记。
● 同沟布放的多根塑料管，可每隔一定距离捆绑一次，以增加塑料管的挺直性，并保持一定的管群断面。
● 铺设塑料管时的最小曲率半径，应不小于塑料管外径的 15 倍。
● 钢管中或管箱内的塑料管接续可使用金属接头件；不同规格的两根塑料管接续时应使用变径接头件。

第5章　通信线路的设计与工程图纸的图例

⑦ 硅芯塑料管道工程中一般设置手孔。根据具体工程建设环境条件，也可不设置手孔；不设置于孔时，在气吹光缆后，其塑料管端头密封，上方铺设水泥盖板保护。

⑧ 硅芯塑料管道工程不设置手孔时，其光缆接头处应设置监测标石；设置手孔时，可根据其维护需要，确定是否设置监测标石；硅芯塑料管道工程监测标石可隔一个光缆接头设置一处。

⑨ 光缆线路标石的设置除应满足直埋光缆敷设安装要求外，在塑料管道接头处、气吹点、牵引点、拐弯点和埋式手孔位置等地点，应设线路标石；也可增设地下电子标识。

⑩ 手孔内的光缆应挂设标牌作标记。

⑪ 硅芯塑料管道手孔的荷载与强度应符合国家相关标准及规定。手孔的规格尺寸应根据敷设的塑料管数量确定。手孔建筑可采用砖砌、混凝土手孔或新型复合材料的手孔，建筑形式可为普通型与埋式型，埋式型手孔盖距地面一般约为 0.6 m。埋式型手孔上方应设标石；也可增设地下电子标识器。

⑫ 硅芯塑料管道手孔的设置，应根据铺设地段的环境条件和光缆盘长等因素确定，并符合以下要求：

- 在光缆接续点宜设置手孔。
- 手孔的规格应满足光缆穿放、接续和预留的需要，并根据实际情况确定预埋铁件在手孔内的位置及预留光缆的固定方式。
- 手孔间距应根据光缆盘长，考虑光缆接头重叠和各种预留长度后确定。
- 非光缆接头位置的光缆预留点宜设置手孔。
- 其他需要的地点可增设手孔。

⑬ 手孔的建筑地点应选择在地形平坦、地质稳固、地势较高的地方。避免安排在安全性差、常年积水、进出不便及铁路、公路路基下。

⑭ 在手孔内塑料管道端口间的排列应至少保持 30 mm 的间距，塑料管道伸出孔壁的长度应适宜。手孔内的空余及已占用塑料管的端口应进行封堵。

⑮ 硅芯塑料管道在市区建设手孔时，应符合 GB 50373—2006《通信管道与通道工程设计规范》的要求。

⑯ 硅芯塑料管道及光缆的保护应符合下列要求：

- 硅芯塑料管道穿越铁路或主要公路时，塑料管道应采用钢管保护，或定向钻孔地下敷管，但应同时保证其他地下管线的安全。塑料管道穿越允许开挖路面的一般公路时，塑料管道可直埋敷设通过。
- 硅芯塑料管道在桥侧吊挂或新建专用桥墩支护时，硅芯塑料管道可加玻璃钢管箱带 U 形箍防护，也可采用桥侧 U 形支架承托钢管保护。
- 硅芯塑料管道与其他地下通信光（电）缆同沟敷设时，隔距应不小于 100 mm，并不应重叠和交叉，原有光（电）缆的挖出部分可采用竖铺红砖保护。
- 硅芯塑料管道与煤气、输油管道等交越时，宜采用钢管保护。垂直交越时，保护铜管长度为 10 m（每侧 5 m），斜交越时应适当加长。
- 硅芯塑料管道穿越有疏浚及拓宽的沟、渠、水塘时，宜在塑料管道上方覆盖水泥沙浆袋或水泥盖板保护。
- 硅芯塑料管道埋深不足 0.5 m 时，宜采用钢管保护。也可采用上覆水泥盖板、水泥槽或铺砖保护。

- 硅芯塑料管道采用钢管保护时，铜管管口应封堵。
- 硅芯塑料管道的护坎保护、漫水坡保护及斜坡堵塞保护等应按照直埋光缆部分的要求执行。

⑰ 穿放在硅芯塑料管道内的光缆，其防雷措施应符合光（电）缆线路防雷的相关规定。

8. 光缆交接箱安装要求

① 交接设备的安装方式应根据线路状况和环境条件选定，且满足下列要求。

a. 具备下列条件时可设落地式交接箱：
- 地理条件安全平整、环境相对稳定。
- 有建手孔和交接箱基座的条件并与管道人孔距离较近便于沟通。
- 接入交接箱的馈线光缆和配线光缆为管道式或埋式。

b. 具备下列条件时可设架空式交接箱：
- 接入交接箱的配线光缆为架空方式。
- 郊区、工矿区等建筑物稀少的地区。
- 不具备安装落地式交接箱的条件。

c. 交接设备也可安装在建筑物内。

② 室外落地式交接箱应采用混凝土底座，底座与人（手）孔间应采用管道连通，不得采用通道连通。底座与管道、箱体间应有密封防潮措施。

③ 交接箱（间）必须设置地线，接地电阻不得大于 10 Ω。

④ 交接箱位置的选择应符合下列要求：

a. 符合城市规划，不妨碍交通，不影响市容观瞻的地方。

b. 靠近人（手）孔便于出入线的地方。

c. 无自然灾害，安全、通风、隐蔽、便于施工维护、不易受到损伤的地方。

图 5-11 所示为交接箱的安装实物图。

图 5-11　交接箱的安装

d. 下列场所不得设置交接箱：

- 高压走廊和电磁干扰严重的地方。
- 高温、腐蚀、易燃易爆工厂仓库、易于淹没的洼地附近及其他严重影响交接箱安全的地方。
- 其他不适宜安装交接箱的地方。

⑤ 交接箱位置设置在公共用地的范围内时，应获得有关部门的批准文件；交接箱设置在用户院内或建筑物内时应得到业主的批准。

⑥ 交接箱编号应与出局馈线（主干）光缆编号相对应，应符合电信业务经营者有关本地线路资源管理的相关规定。

5.1.5 电缆线路敷设安装设计

1. 电缆线路敷设安装设计的一般要求

① 电缆在敷设安装中，应根据敷设地段的环境条件，在保证电缆不受损伤的原则下，因地制宜地采用人工或机械敷设。

② 电缆在各类管材中穿放时，电缆外径应不大于管材内径 90%。电缆敷设安装后，管口应封堵严密。

③ 管道电缆的弯曲半径应符合表 5-19 的要求。

表 5-19 电缆允许弯曲半径

电缆对数 \ 电缆线径/mm	0.32	0.40	0.60
5		27	37
10		38	50
20	37	50	63
30	44	62	70
50	59	71	85
80	69	85	100
100	76	95	115
150	88	110	135
200	103	126	170
300	128	155	255
400	150	190	275
500	174	250	320
600	190	280	370
700	216	302	425
800	238	334	480
900	260	366	540
1 000	280	398	580
1 200	316	466	650

2. 埋式电缆敷设安装设计要求

① 埋式电缆线路应避免敷设在未来将建筑道路、房屋和挖掘取土的地点，不宜敷设在地下水位较高或长期积水的地点。

② 电缆在已建成的铺装路面下敷设时，不宜采用埋式敷设。

③ 埋式电缆的埋深，应不小于 0.8 m。埋式电缆上方应加覆盖物保护，并设标志。

④ 埋式电缆与其他地下设施间的净距不应小于表 5-7 直埋光（电）缆与其他建筑设施间的最小净距的规定。

⑤ 埋式电缆接头应安排在地势平坦和地质稳固的地方，应避开水塘、河渠、沟坎、快慢车道等施工和维护不便的地点，电缆接头盒可采用水泥盖板或其他适宜的防机械损伤的保护措施。

⑥ 埋式电缆在转弯、直线和接头的适当位置应埋设标石。

3. 管道电缆敷设安装设计要求

① 在市区新建管道时，应符合 GB 50373—2006《通信管道与通道工程设计规范》的要求。

② 管道管孔利用原则是：先从下而上、从两侧往中间，逐层使用。

③ 敷设管道电缆的曲率半径必须大于电缆直径的 15 倍。

④ 一条电缆通过各个人孔所占用的管孔和电缆托板的位置，前后应保持一致。

⑤ 一个管孔一般只穿放一条电缆。

⑥ 管道电缆在管孔内不应有接头。

⑦ 电缆在人孔中的预留长度按式（5-2）计算，式中取值应符合表 5-20 的要求。

$$L = L_1 + L_2 + L_3 + L_4 + L_5 - L_6 \qquad (5\text{-}2)$$

表 5-20　电缆在人孔中的预留长度

分　类	类　别	留长/mm	备　注
L_1	电缆在人孔中的弯曲长度	实际计算	管道口到第一电缆铁架的长度
L_2	第一个电缆铁架至电缆接头的中心长度	350	即铁架间的距离的一半
L_3	电缆接续所需的长度	250	自电缆接头的中心开始起算
L_4	电缆接续中所消耗的长度	150	接续电缆芯线时损耗
L_5	电缆接续前施工中所消耗的长度	150	包括对号、牵引电缆时的损耗等
L_6	人孔中心至人孔壁的距离	实际计算	

4. 架空电缆敷设安装设计要求

① 架空电缆线路负荷区划分应同架空光缆线路一致。划分标准参照表 5-9。

② 架空电缆线路杆路的杆间距离，应根据用户下线需要、地形情况、线路负荷、气象条件以及发展改建要求等因素确定。一般情况下，市区杆距可为 35~40 m，郊区杆距可为 45~50 m。

③ 采用架空方式敷设电缆时，必须考虑共享原有杆路的可行性。新建架空杆路时，必须共享和共建。

④ 架空电缆杆线强度应符合 YD 5148—2007《架空光（电）缆通信杆路工程设计规范》的相关规定。利用现有杆路架挂电缆时，应对杆路强度进行核算，保证建筑安全。

⑤ 新设杆路应采用钢筋混凝土电杆，杆路应设在较为定型的道路一侧，以减少立杆后的变动迁移。

⑥ 杆路上架挂的电缆吊线不宜超过三条，在保证安全系数前提下，可适当增加。一条

吊线上宜挂设一条电缆。如果距离很短，电缆对数小，可允许一条吊线上挂设两条电缆。普通杆距架空电缆吊线规格，可参照表 5-21 的数据选用。

表 5-21　普通杆距架空电缆吊线规格

负 荷 区 别	杆距 L/m	电缆重量 W/（kg/m）	吊线规格 线径（mm）×股数
轻负荷区	$L \leqslant 45$	$W \leqslant 2.11$	2.2×7
	$45 < L \leqslant 60$	$W \leqslant 1.46$	
	$L \leqslant 45$	$2.11 < W \leqslant 3.02$	2.6×7
	$45 < L \leqslant 60$	$1.46 < W \leqslant 2.18$	
	$L \leqslant 45$	$3.02 < W \leqslant 4.15$	3.0×7
	$45 < L \leqslant 60$	$2.18 < W \leqslant 3.02$	
中负荷区	$L \leqslant 40$	$W \leqslant 1.82$	2.2×7
	$40 < L \leqslant 55$	$W \leqslant 1.22$	
	$L \leqslant 40$	$1.82 < W \leqslant 3.02$	2.6×7
	$40 < L \leqslant 55$	$1.22 < W \leqslant 1.82$	
	$L \leqslant 40$	$3.02 < W \leqslant 4.15$	3.0×7
	$40 < L \leqslant 55$	$1.82 < W \leqslant 2.98$	
重负荷区	$L \leqslant 35$	$W \leqslant 1.46$	2.2×7
	$35 < L \leqslant 50$	$W \leqslant 0.57$	
	$L \leqslant 35$	$1.46 < W \leqslant 2.52$	2.6×7
	$35 < L \leqslant 50$	$0.57 < W \leqslant 1.22$	
	$L \leqslant 35$	$2.52 < W \leqslant 3.98$	3.0×7
	$35 < L \leqslant 50$	$1.22 < W \leqslant 2.31$	

⑦ 自承式全塑电缆钢绞线的终端和接续紧固铁件，其破坏强度应不低于钢绞线强度的 110%。

⑧ 凡装设 30 对及以上的分线箱或架空交接箱的电杆，应装设杆上工作站台。

⑨ 市区内架空电缆线路应有统一的走向和位置规划，尽量减少和电力架空线路的交越。

⑩ 架空电缆线路不宜与电力线路合杆架设。在不可避免时，允许和 10 kV 以下的电力线路合杆架设，且必须采取相应的技术防护措施，此时电力线与通信电缆间净距不应小于 2.5 m，且电缆应架设在电力线路的下方。

⑪ 架空线路设备应根据有关的技术规定进行可靠的保护，以免遭受雷击、高电压和强电流的电气危害，以及机械损伤。

⑫ 架空电缆线路与其他设施接近或交越时，其间隔距离应符合表 5-11、表 5-12 和表 5-13 的规定。

5. 水底电缆敷设安装设计要求

① 电缆线路在通过河流时，宜采用桥上敷设方式。如果桥梁存在较大振动，电缆应采取防震措施。较小的河流亦可采用架空跨越或微控定向钻孔方式。

② 当就近地段无稳固可靠桥梁使用时，可采用水底电缆。对于下述情况均应采用钢丝铠装电缆。

- 通航的主要河流。
- 河面宽度大于 150 m，河床及岸滩稳定、流速不大的一般河流。
- 河面宽度小于 150 m，但河床及岸滩不太稳定、流速大于 3 m/s 的较小河流。

③ 水底电缆的过河位置，其选择原则应与水底光缆相同。

④ 水底电缆的埋深，应根据河流的水深、通航、河床土质等具体情况分别确定，且应符合下列要求：

a. 河床有水部分的埋深要求：

- 水深大于 8 m（指枯水季节的深度）的区域，可将电缆直接放在河底不加掩埋。
- 水深小于 8 m（指枯水季节的深度）的区域，电缆埋入河底的深度不应小于 0.5~1.0 m（视河床土质）。
- 有疏浚计划的区域敷设水底电缆时，应将电缆埋设在计划深度以下 1 m，或在施工时暂按一般埋深，但需要将电缆做适当预留，待疏浚时再下埋至要求深度。

b. 岸滩部分的埋深要求：

- 地质较好且稳定的地段，电缆埋深应不小于 1.0 m。
- 岸滩易受冲刷或土质松散不稳定的地段，应适当增加埋设深度。

⑤ 河流的常年水深小于 5 m 时，水底电缆可不单独设置充气段，水底电缆的气压维护标准与陆地电缆相同。河流的常年水深大于 5 m 小于 10 m 时，水底电缆的气压维护标准应根据水深情况和使用的水底电缆规格程式确定，可单独设置充气维护段。

⑥ 水底电缆的其他相关要求，应与水底光缆相同。

6. 交接区安装设计要求

① 交接区是用户电缆线路网的基础，其划分应符合下列要求：

- 按照自然地理条件，结合用户密度与最佳容量、原有线路设备的合理利用等因素综合考虑，将就近的用户划分在一个交接区内。交接区最佳容量如表 5-22 所示。

表 5-22 交接区的最佳容量参考表

N σ L	30	50	100	200	300	400	500	600	700	800	900	1 000
500	100	127	178	258	310	354	388	460	478	493	521	564
1 000	197	250	354	514	618	705	774	918	954	984	1041	1 126
1 500	294	374	530	770	926	1 056	1 160	1 376	1 430	1 475	1 560	1 688
2 000	391	498	705	1 026	1 234	1 408	1 545	1 833	1 906	1 966	2 079	2 250
2 500	488	622	881	1 282	1 542	1 659	1 931	2 291	2 382	2 457	2 598	2 812
3 000	585	746	1 056	1 538	1 850	2 010	2 316	2 748	2 857	2 947	3 118	3 374

注：L 为由电话局至所设计区域的距离，单位为 m；N 为交接区最佳容量即最佳收容用户数，单位为户；σ 为用户密度，单位为户/公顷。

- 交接区的边界以河流、湖泊、铁道、干线公路、城区主要街道、公园、高压走廊及其他妨碍线路穿行的大型障碍物为界，交接区的地理界线力求整齐。
- 城市统建住宅小区的交接区，结合区间道路、绿地、小区边界划分，视用户密度可一个小区划为一个交接区，亦可几个小区合成一个交接区，或一个小区划为多个交接区。

- 市内已建成区的交接区，根据用户的发展，结合原有配线区和配线电缆的分布和路由走向划分。
- 对于已建成的街区，交接区以满足远期需要划分；对于未建成的街区或待发展地区的交接区的划分采用远近期相结合的方式。

② 交接区容量的确定应符合以下要求：

- 交接区的容量按最终进入交接箱（间）的主干电缆所服务的范围确定，主干电缆分为 400、600、800、1 000、1 200 等对数。
- 根据业务预测，引入主干电缆在 100 对以上的机关、企事业单位，可单独设立交接区。
- 交接区容量的确定要因地制宜，不得拼凑用户数，以保持交接区的相对稳定。

③ 交接箱的容量应结合中、远期进入交接箱的电缆总对数（包括主干电缆、配线电缆、箱间联络电缆等），参照交接箱常用容量系列选定。

④ 在新建小区或用户密度大的高层建筑和建筑群，应设置交接间。交接间的容量可根据交接区终期所需要的电缆总对数，结合房屋、管道等条件确定。

⑤ 交接设备的安装方式应根据线路状况和环境条件选定，且满足下列要求。

a. 具备下列条件时可设落地式交接箱：

- 进入交接箱主干电缆在 600 对，交接箱容量在 1 200 对以上。
- 地理条件安全平整、环境相对稳定。
- 有建手孔和交接箱基座的条件并能与管道人孔沟通。
- 接入交接箱的主干电缆和配线电缆为管道式或埋式。

b. 具备下列条件时可设架空式交接箱：

- 接入交接箱的配线电缆为架空方式。
- 部区、工矿区等建筑物稀少的地区。
- 不具备安装落地式交接箱的条件。

c. 交接设备也可安装在建筑物内。

⑥ 室外落地式交接箱应采用混凝土底座，底座与人（手）孔间应采用管道连通，不得采用通道连通。底座与管道、箱体间应有密封防潮措施。

⑦ 600 对及 600 对以上的交接箱，架空安装时应安装在 H 杆上或建筑物的外墙上。

⑧ 交接箱（间）必须设置地线，接地电阻不得大于 10 Ω。

⑨ 交接箱位置的选择应符合下列要求：

a. 交接箱的最佳位置宜设在交接区内线路网中心略偏交换局的一侧。

b. 符合城市规划，不妨碍交通，不影响市容观瞻的地方。

c. 靠近人（手）孔便于出入线的地方，或利旧电缆的汇集点上。

d. 无自然灾害，安全、通风、隐蔽、便于施工维护、不易受到损伤的地方。

e. 下列场所不得设置交接箱：

- 高压走廊和电磁干扰严重的地方。
- 高温、腐蚀、易燃易爆工厂仓库、易于淹没的洼地附近及其他严重影响交接箱安全的地方。
- 其他不适宜安装交接箱的地方。

⑩ 交接箱位置设置在公共用地的范围内时，应获得有关部门的批准文件；交接箱设置在用户院内或建筑物内时应得到业主的批准。

⑪ 落地式交接箱直接上列的电缆应加做气塞。架空交接箱直接上列的电缆中，凡采用充气维护方式的应做气塞。

⑫ 交接箱内的主干电缆与配线电缆应优先使用相同的线序，配线电缆的编号应按交接箱的列号，配线方向应统一编排。

⑬ 交接箱编号应与出局主干电缆编号相对应，或与本地线路资源管理系统统一。

7. 配线区安装设计要求

① 配线区的划分应符合以下要求：

- 高层住宅宜以独立建筑物为一个配线区，其他住宅建筑宜以 50 对、100 对电缆为基本单元划分配线区。
- 用户电话交换机、接入网设备所辖范围内的用户宜单独设置配线区。

② 小区配线电缆的建筑方式宜采用配线管道敷设方式，局部亦可采用沿墙架设、立杆架设和埋式敷设等方式。

③ 采用墙壁敷设方式时，其路由选择应满足下列要求：

- 沿建筑物敷设横平竖直不影响房屋建筑美观。路由选择不妨碍建筑物的门窗启闭，电缆接头的位置不得选在门窗部位。
- 安装电缆位置的高度应尽量一致，住宅楼与办公楼以 2.5~3.5 m 为宜，厂房、车间外墙以 3.5~5.5 m 为宜。
- 避开高压、高温、潮湿、易腐蚀和有强烈振动的地区。无法避免时，采取保护措施。
- 避免选择在影响住户日常生活或生产使用的地方。
- 避免选择在陈旧的、非永久性的、经常需修理的墙壁。
- 墙壁电缆尽量避免与电力线、避雷线、暖气管、锅炉及油机的排气管等容易使电缆受损害的管线设备交叉与接近。墙壁电缆与其他管线的最小净距可参照表 5-23。

表 5-23 墙壁电缆与其他管线的最小净距表

管 线 种 类	平行净距/m	垂直交叉净距/m
电力线	0.20	0.10
避雷引下线	1.00	0.30
保护地线	0.20	0.10
热力管（不包封）	0.50	0.50
热力管（包封）	0.30	0.30
给水管	0.15	0.10
煤气管	0.30	0.10
电缆线路	0.15	0.1

④ 配线电缆采用架空方式时，相关要求应与架空电缆线路相同。

8. 进局电缆

① 电缆进局应从不同的方向引入，对于大型交换局（万门以上）应至少有两个进局方向。进局电缆应采用大容量电缆。

② 大对数电缆进局时，宜采用大容量产品配线架，其每直列容量可在 800~1 200 回线。

③ 成端电缆必须采用非延燃型电缆。

④ 每直列成端电缆不宜超过两条。

第 5 章 通信线路的设计与工程图纸的图例

9. 电缆接续

① 电缆芯线接续在正常工作条件下，应保持接头电阻稳定接续牢固。其接续方式的选择应符合下列要求：

- 根据电缆结构、容量、敷设方式、接续质量和效率、接续器材、价格等综合考虑，择优选用。
- 电缆芯线接续采用接线模块或接线子卡接方式。接线子的型号及技术指标符合 YD 334—1987《市内通信电缆接线子》的规定；接线子的规格应能满足芯线接续的要求。
- 填充型全塑电缆的接续采用有填充物的接续器材。

② 电缆芯线接续器材可参照表 5-24 选择。

表 5-24　电缆芯线接续器材选择表

序　号	名　称	型　号	适用线径单位/mm	适　用　场　所
1	扣型	HJK HJKT	0.4~0.8	填充型或非填充型架空电缆、填充型埋式电缆、填充型管道配线电缆、交接箱成端接续
2	销套型	HJX	0.32~0.8	非填充型管道电缆，非填充型埋式电缆、局内成端接续
3	齿形	HJC	0.32~0.6	同销套型
4	模块型	HJM HJMT	0.32~0.6	填充型和非填充型管道电缆和埋式、架空式电缆局内成端接续

注：型号含义：H 为市内通信电缆；J 为接线子；K 为扣型；X 为销套型；C 为齿型；M 为模块型；T 为含防潮填充剂。

③ 电缆护套接续的套管宜采用热可塑套管或可启式套管。

④ 全塑电缆接头套管选择应符合下列要求：

- 根据电缆结构、电缆容量、敷设方式、人孔规格、环境条件以及套管价格等综合考虑择优选用。
- 接头套管与电缆接合部位的材质必须与塑料电缆护套的材质相容，以保证封闭质量。
- 接头套管的型号及技术指标符合相关标准，接头套管的规格能满足电缆接续形式的要求。
- 填充型电缆必须选用可充入填充物的套管。
- 采用充气维护的非填充型电缆必须选用耐气压型的套管。
- 自承式架空电缆接头套管能包容吊线与电缆。
- 具有重复使用性能的接头套管，在技术经济合理时优先选用。

⑤ 全塑电缆接头套管可参照表 5-25 选择。

表 5-25　接头套管选型表

序　号	名　称	形　状	适　当　场　合
1	热可塑管	O 型片型	填充型和非填充型电缆（除自承式外）架空、管道、埋式敷设时均可采用、成端接头
2	注塑套管	O 型	只能用于聚乙烯护套充气维护的管道电缆和埋式电缆、成端接头
3	机械式套管	上下两半或筒、片型	填充型和非填充型电缆（除自承式外）架空、管道、埋式敷设时都可采用
4	接线筒	底盖两部分	300 对以下架空、墙壁、管道充气电缆均可安装使用
5	多用接线盒	底盖两部分	非填充型不充气维护的架空电缆（包括自承式和吊线式）

注：O 为圆筒套管，施工场所要有置放套管的空间；片型为包在接头外纵向封闭的包管，适用于无置放套管空间的场所等。

习 题

阅读图 5-12，结合本小节的内容，对图中的通信线路进行分析。

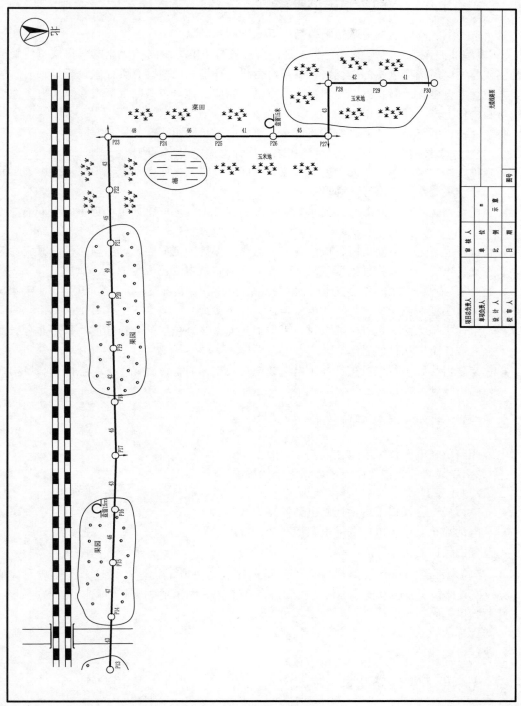

图 5-12　通信线路图

第 5 章　通信线路的设计与工程图纸的图例

153

5.2 光（电）缆线路的防护

5.2.1 光（电）缆线路防强电危险影响

光（电）缆线路防强电危险影响包括以下几方面：

① 电缆线路及有金属构件的光缆线路，当其与高压电力线路、交流电气化铁道接触网平行，或与发电厂或变电站的地线网、高压电力线路杆塔的接地装置等强电设施接近时，应主要考虑强电设施在故障状态和工作状态时由电磁感应、地电位升高等因素在光（电）缆金属线对和构件上产生的危险影响。

有金属构件的无金属线对光缆线路可不考虑强电干扰影响。

② 光（电）缆线路受强电线路危险影响允许标准应符合下列规定：

- 强电线路故障状态时，光（电）缆金属构件上的感应纵向电动势或地电位升不大于光（电）缆绝缘外护层介质强度的 60%。
- 强电线路正常运行状态时，光（电）缆金属构件上的感应纵向电动势不大于 60 V。

③ 光（电）缆线路对强电影响的防护，可选用下列措施：

- 在选择光（电）缆路由时，应与现有强电线路保持一定的隔距，当与之接近时应计算在光（电）缆金属构件上产生的危险影响不应超过本规范规定的允许值。
- 光（电）缆线路与强电线路交越时，宜垂直通过；在困难情况下，其交越角度应不小于 45°。
- 光缆接头处两侧金属构件不作电气连通，也不接地。
- 当上述措施无法满足安全要求时，可增加光缆绝缘外护层的介质强度、采用非金属加强芯或无金属构件的光缆。
- 在与强电线路平行地段进行光（电）缆施工或检修时，应将光（电）缆内的金属构件作临时接地。

5.2.2 电缆线路防强电干扰影响

电缆线路防强电干扰影响包括以下几方面：

① 无金属线对的光缆线路不考虑强电干扰影响。

② 音频双线电话回路噪声计电动势允许值（干扰影响允许值）应符合下列规定：

- 县电话局至县及以上电话局的电话回路为 4.5 mV。
- 县电话局至县以下电话局的电话回路为 10 mV。
- 业务电话回路为 7 mV。

③ 当输电线路对电信线路感应产生的噪声计电动势或干扰电流超过干扰影响允许值时，应根据具体情况，通过技术经济比较和协商，采取必要的防护措施。可选用的措施如下：

- 与输电线路保持合理的间距和交叉角度。
- 增设屏蔽线。
- 改迁电缆线路路由。

5.2.3 光（电）缆线路防雷

光（电）缆线路防雷措施如下：

① 年平均雷暴日数大于 20 的地区及有雷击历史的地段，光（电）缆线路应采取防雷保护措施。实践证明，采取防雷措施的地段基本上不会遭受雷击，根据雷暴日数大于 20 而采取防雷措施的方法行之有效。

依据工程经验，下列地点可能是雷害事件发生概率比较高的地点：

- 10 m 深处的土壤电阻率 ρ_{10} 发生突变的地方。
- 在石山与水田、河流的交界处，矿藏边界处，进山森林的边界处，某些地质断层地带。
- 面对广阔水面的山岳向阳坡或迎风坡。
- 较高或孤立的山顶。
- 以往曾屡次发生雷害的地点。
- 孤立杆塔及拉线，高耸建筑物及其接地保护装置附近。

光（电）缆路由选择时应有意识地避免上述地点。

② 无金属线对、有金属构件的直埋光缆线路的防雷保护可采用下列措施：

a. 直埋光缆线路防雷线的设置应符合下列原则：

- $\rho_{10}<100\ \Omega\cdot m$ 的地段，可不设防雷线。
- ρ_{10} 为 $100\ \Omega\cdot m \sim 500\ \Omega\cdot m$ 的地段，设一条防雷线。
- $\rho_{10}>500\ \Omega\cdot m$ 的地段，设两条防雷线。
- 防雷线的连续布放长度一般应不小于 2 km。

b. 当光缆在野外硅芯塑料管道中敷设时，可参照下列防雷线设置原则：

- $\rho_{10}<100\ \Omega\cdot m$ 的地段，可不设防雷线。
- $\rho_{10}\geqslant100\ \Omega\cdot m$ 的地段，设一条防雷线。
- 防雷线的连续布放长度一般应不小于 2 km

c. 光缆接头处两侧金属构件不作电气连通。

d. 局站内的光缆金属构件应接防雷地线。

e. 雷害严重地段，光缆可采用非金属加强芯或无金属构件的结构形式。

③ 光（电）缆线路应尽量绕避雷暴危害严重地段的孤立大树、杆塔、高耸建筑、行道树、树林等易引雷目标。无法避开时，应采用消弧线、避雷针等措施对光（电）缆线路进行保护。

④ 架空光（电）缆线路除可采用上述第②条的 c、d、e 款措施外，还可选用下列防雷保护措施：

- 光（电）缆架挂在明线线条的下方。
- 光（电）缆吊线间隔接地。
- 电缆金属屏蔽层的线路两端必须接地，接地点可在引上杆、终端杆或其附近。电缆线路进入交接箱时，可与交接箱共用地线接地。单独做金属屏蔽层接地时，接地电阻应符合表 5-26 的规定。

表 5-26　金属屏蔽层地线接地电阻标准

土壤电阻率/（Ω·m）	土　质	接地电阻/Ω
100 及以下	黑土地、泥炭黄土地、砂质黏土地	≤20
101~300	夹砂土地	≤30
301~500	砂土地	≤35
500 及以上	石地	≤45

- 雷害特别严重地段应装设架空地线。

⑤ 光（电）缆内的金属构件，在局（站）内或交接箱处线路终端时必须做防雷接地。

5.2.4 光（电）缆线路其他防护

光（电）缆线路其他防护措施如下：

① 直埋光（电）缆在有白蚁危害的地段敷设时，可采用防蚁护层，也可采用其他防蚁处理方法，但应保证环境安全。

② 有鼠害、鸟害等灾害的地区应采取相应的防护措施。

③ 在寒冷地区应针对不同气候特点和冻土状况采取防冻措施。在季节冻土层中敷设光（电）缆时应增加埋深，在有永久冻土层的地区敷设时不得扰动永久冻土。

习　　题

阅读图 5-13、图 5-14 所示的通信线路图，结合本小节内容，对通信线路应采取的防护措施进行分析。

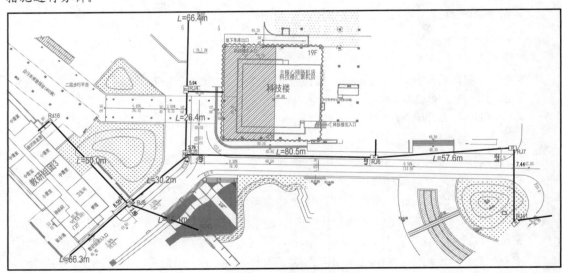

图 5-13　管道通信线路图

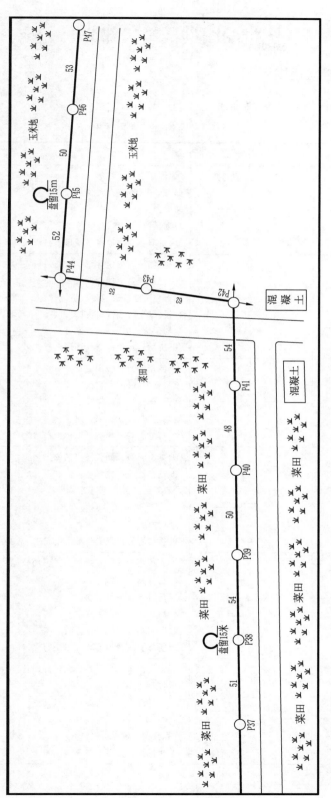

图 5-14　架空通信线路图

5.3　通信工程图纸的图例（第二部分）

5.3.1　通信管道常用图例

通信管道常用图例如表 5-27 所示。

表 5-27　通信管道常用图例

序号	名　称	图　例	说　明
1	通信管道	—— / ——	① 图形线宽、线形： 原有：0.35 mm，实线； 新设：1 mm，实线； 规划预留：0.75 mm，虚线。 ② 拆除：在"原有"图形上打"×"叉线，线宽 0.70 mm
2	人孔		① 此图形不确定井型，泛指通信人孔； ② 图形线宽、线形： 原有：0.35 mm，实线； 新设：0.75 mm，实线； 规划预留：0.75 mm，虚线。 ③ 拆除：在"原有"图形上打"×"叉线，线宽 0.70 mm
3	直通型人孔		① 图形线宽、线形： 原有：0.35 mm，实线； 新设：0.75 mm，实线； 规划预留：0.75 mm，虚线。 ② 拆除：在"原有"图形上打"×"叉线，线宽 0.70 mm
4	斜型人孔		① 如有长端，则长端方向图形加长； ② 图形线宽、线形： 原有：0.35 mm，实线； 新设：0.75 mm，实线； 规划预留：0.75 mm，虚线。 ③ 拆除：在"原有"图形上打"×"叉线，线宽 0.70 mm
5	三通型人孔		① 三通型人孔的长端方向图形加长。 ② 图形线宽、线形： 原有：0.35 mm，实线； 新设：0.75 mm，实线； 规划预留：0.75 mm，虚线。 ③ 拆除：在"原有"图形上打"×"叉线，线宽 0.70mm
6	四通型人孔		① 四通型人孔的长端方向图形加长。 ② 图形线宽、线形： 原有：0.35 mm，实线； 新设：0.75 mm，实线； 规划预留：0.75 mm，虚线。 ③ 拆除：在"原有"图形上打"×"叉线，线宽 0.70 mm

序号	名称	图例	说明
7	捌弯型人孔		① 图形线宽、线形： 原有：0.35 mm，实线； 新设：0.75 mm，实线； 规划预留：0.75 mm，虚线。 ② 拆除：在"原有"图形上打"×"叉线，线宽 0.70 mm
8	局前人孔		① 八字朝主管道出局方向。 ② 图形线宽、线形： 原有：0.35 mm，实线； 新设：0.75 mm，实线； 规划预留：0.75 mm，虚线。 ③ 拆除：在"原有"图形上打"×"叉线，线宽 0.70 mm
9	手孔		① 图形线宽、线形： 原有：0.35 mm，实线； 新设：0.75 mm，实线； 规划预留：0.75 mm，虚线。 ② 拆除：在"原有"图形上打"×"叉线，线宽 0.70 mm
10	超小型手孔		① 图形线宽、线形： 原有：0.35 mm，实线； 新设：0.75 mm，实线； 规划预留：0.75 mm，虚线。 ② 拆除：在"原有"图形上打"×"叉线，线宽 0.70 mm
11	埋式手孔		① 图形线宽、线形： 原有：0.35 mm，实线； 新设：0.75 mm，实线； 规划预留：0.75 mm，虚线。 ② 拆除：在"原有"图形上打"×"叉线，线宽 0.70 mm
12	顶管内敷设管道		① 长方框体表示顶管范围，管道由顶管内通过，管道外加设保护套管也可用此图例。 ② 图形线宽、线形： 原有：0.35 mm； 新设：0.75 mm
13	定向钻敷设管道		① 长方虚线框体表示定向钻孔洞范围，管道由孔洞内通过。 ② 图形线宽、线形： 原有：0.35 mm； 新设：0.75 mm

5.3.2 机房建筑及设施常用图例

机房建筑及设施常用图例如表 5-28 所示。

表 5-28　机房建筑及设施常用图例

序号	名　称	图　例	说　明
1	外墙		
2	内墙		
3	可见检查孔		
4	不可见检查孔		
5	方形孔洞		左为穿墙孔，右为地板孔
6	圆形孔洞		
7	方形坑槽		
8	圆形坑槽		
9	墙顶留洞		尺寸标注可采用（宽×高）或直径形式
10	墙顶留槽		尺寸标注可采用（宽×高×深）形式
11	空门洞		左侧为外墙，右侧为内墙
12	单扇门		左侧为外墙，右侧为内墙
13	双扇门		同单扇门，考虑增加内墙形式
14	对开折叠门		同单扇门，考虑增加内墙形式
15	推拉门		
16	墙外单扇推拉门		同单扇门，考虑增加内墙形式
17	墙外双扇推拉门		同单扇门，考虑增加内墙形式
18	墙中单扇推拉门		同单扇门，考虑增加内墙形式
19	墙中双扇推拉门		同单扇门，考虑增加内墙形式
20	单扇双面弹簧门		同单扇门，考虑增加内墙形式
21	双扇双面弹簧门		同单扇门，考虑增加内墙形式
22	转门		
23	单层固定窗		增加单层固定窗，原图形符号改为双层固定窗
24	双层固定窗		
25	双层内外开平开窗		

序号	名　　称	图　　例	说　　明
26	推拉窗		
27	百叶窗		
28	电梯		
29	隔断		包括玻璃、金属、石膏板等
30	栏杆		
31	楼梯	上	
32	房柱	□ 或 ■	可依据实际尺寸及形状绘制，根据需要可选用空心或实心
33	折断线		不需画全的断开线
34	波浪线		不需画全的断开线
35	标高	▽室内 ▼室外	
36	竖井		
37	机房		

5.3.3　地形图常用符号

地形图常用符号如表 5-29 所示。

表 5-29　地形图常用符号

序号	名　　称	图　　例	说　　明
1	房屋		
2	在建房屋	建	
3	破坏房屋		
4	窑洞		
5	蒙古包		
6	悬空通廊		

序号	名　称	图　例	说　明
7	建筑物下通道		
8	台阶		
9	围墙		
10	围墙大门		
11	长城及砖石城堡（小比例）		
12	长城及砖石城堡（大比例）		
13	栅栏、栏杆		
14	篱笆		
15	铁丝网		
16	矿井		
17	盐井		
18	油井		
19	露天采掘场		
20	塔型建筑物		
21	水塔		
22	油库		
23	粮仓		

序号	名　　称	图　　例	说　　明
24	打谷场（球场）	谷(球)	
25	饲养场（温室、花房）	牲(温室、花房)	
26	高于地面的水池	水　　水	
27	低于地面的水池	水	
28	有盖的水池	水	
29	肥气池		
30	雷达站、卫星地面接收站		
31	体育场	体育场	
32	游泳池	泳	
33	喷水池		
34	假山石		
35	岗亭、岗楼		
36	电视发射塔	TV	
37	纪念碑		
38	碑、柱、墩		
39	亭		

序号	名　　称	图　　例	说　　明
40	钟楼、鼓楼、城楼		
41	宝塔、经塔		
42	烽火台		
43	庙宇		
44	教堂		
45	清真寺		
46	过街天桥		
47	过街地道		
48	地下建筑物的地表入口		
49	窑		
50	独立大坟		
51	群坟、散坟		
52	一般铁路		
53	电气化铁路		
54	电车轨道		

序号	名　称	图　例	说　明
55	地道及天桥		
56	铁路信号灯		
57	高速公路及收费站	收费站	
58	一般公路		
59	建设中的公路		
60	大车路、机耕路		
61	乡村小路		
62	高架路		
63	涵洞		
64	隧道、路堑与路堤		
65	铁路桥		
66	公路桥		
67	人行桥		
68	铁索桥		
69	浸水路面		

第5章　通信线路的设计与工程图纸的图例

序号	名　称	图　例	说　明
70	顺岸式固定码头		
71	堤坝式固定码头	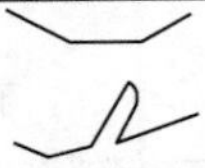	
72	浮码头	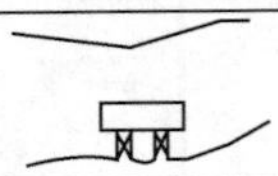	
73	架空输电线	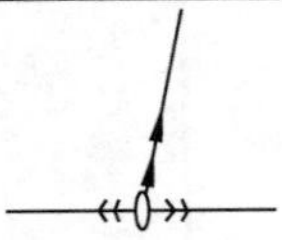	可标注电压
74	埋式输电线	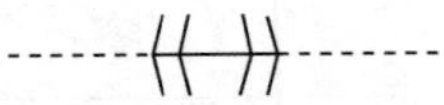	
75	电线架	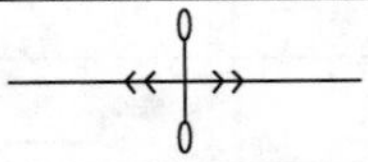	
76	电线塔	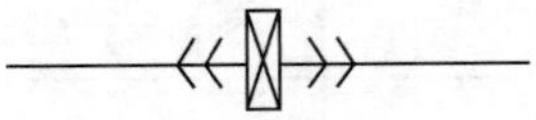	
77	电线上的变压器	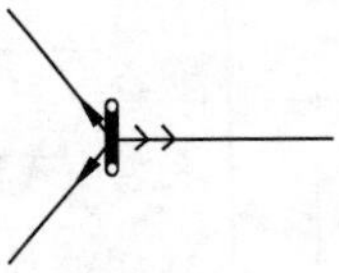	
78	有墩架的架空管道	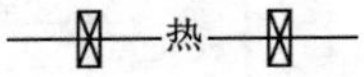 热	图示为热力管道
79	常年河	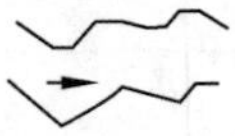	
80	时令河	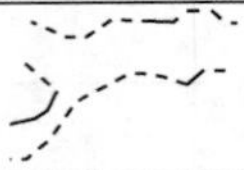	
81	消失河段	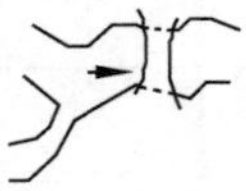	
82	常年湖	 青湖	
83	时令湖		

序号	名 称	图 例	说 明
84	池塘		
85	单层堤沟渠		
86	双层堤沟渠		
87	有沟堑的沟渠		
88	水井		
89	坎儿井		
90	国界		
91	省、自治区、直辖市界		
92	地区、自治州、盟、地级市界		
93	县、自治县、旗、县级市界		
94	乡镇界		
95	坎		
96	山洞、溶洞		
97	独立石		
98	石群、石块地		

序号	名　称	图　例	说　明
99	沙地	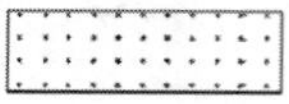	
100	砂砾土、戈壁滩	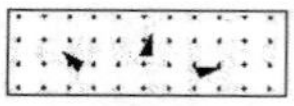	
101	盐碱地	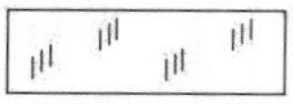	
102	能通行的沼泽	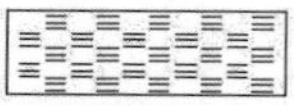	
103	不能通行的沼泽	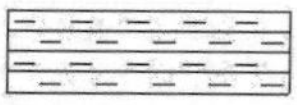	
104	稻田	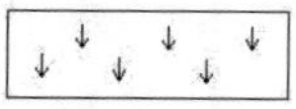	
105	旱地	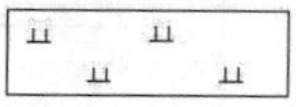	
106	水生经济作物	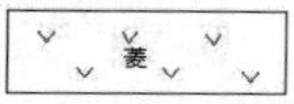	图示为菱
107	菜地	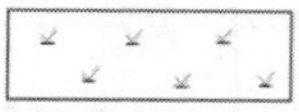	
108	果园	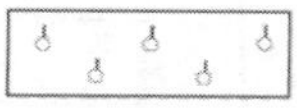	果园及经济林一般符号，可在其中加注文字，以表示果园的类型，如苹果园、梨园等，也可表示加注桑园、茶园等表示经济林
109	桑园	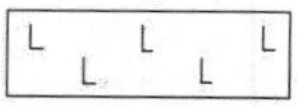	
110	茶园	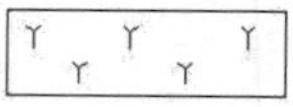	
111	橡胶园	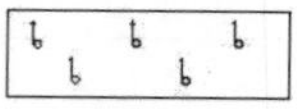	
112	林地	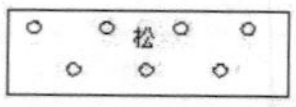	
113	灌木林	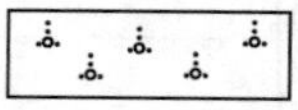	
114	行树		

序号	名　称	图　例	说　明
115	阔叶独立树		
116	针叶独立树		
117	果树独立树		
118	棕榈、椰子树		
119	竹林		
120	天然草地		
121	人工草地		
122	芦苇地		
123	花圃		
124	苗圃		

5.3.4　其他通信工程制图常用图例

其他通信工程制图常用图例包括：无线通信、核心网、数据网络、业务网、信息化系统以及通信电源图例，具体见有关标准与规范。

习　　题

1. 结合本小节内容，阅读并分析图 5-15、图 5-16 通信线路图。
2. 结合本章知识，设计一个通信线路工程图。

第5章　通信线路的设计与工程图纸的图例

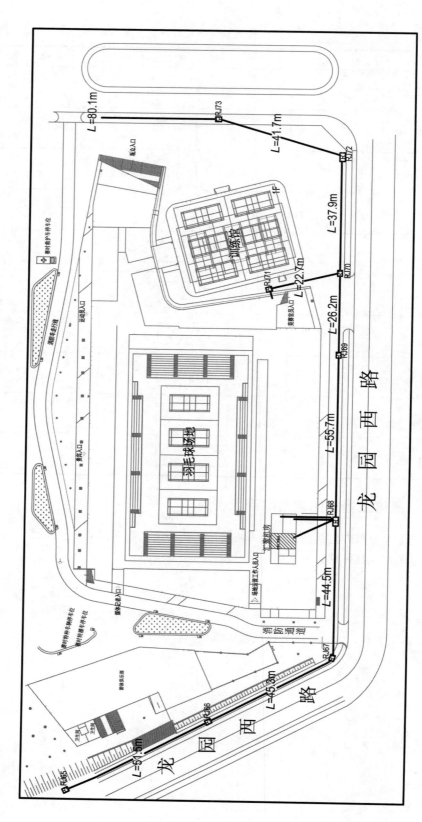

图 5-15　管道通信线路图（一）

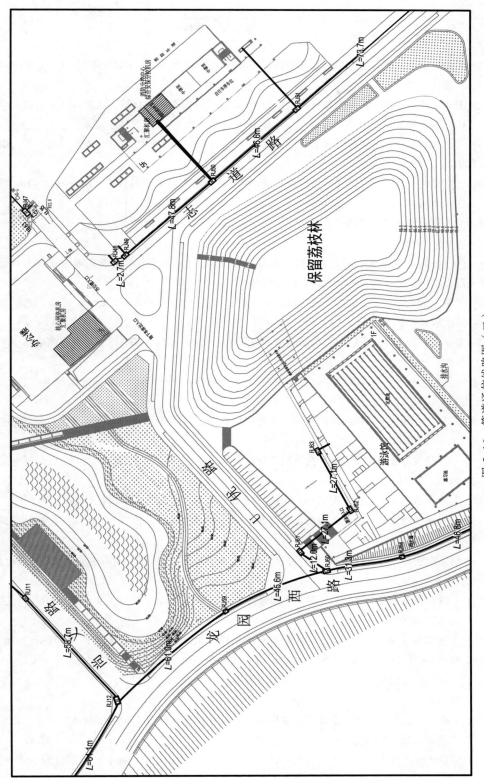

图 5-16 管道通信线路图（二）

参 考 文 献

[1] 工业和信息化部. 通信工程制图与图形符号规定：YD/T 5015—2015[S]. 北京：北京邮电大学出版社，2015.

[2] 工业和信息化部. 通信建筑抗震设防分类标准：YD 5054—2010[S]. 北京：北京邮电大学出版社，2010.

[3] 工业和信息化部. 通信建筑工程设计规范：YD 5003—2014[S]. 北京：北京邮电大学出版社，2014.

[4] 住房和城乡建设部，国家质量监督检验检疫总局. 数据中心设计规范：GB 50174—2017[S]. 北京：中国计划出版社，2017.

[5] 工业和信息化部. 租房改建通信机房安全技术要求：YD/T 2198—2010[S]. 北京：人民邮电出版社，2010.

[6] 住房和城乡建设部，国家质量监督检验检疫总局. 住宅区和住宅建筑内通信设施工程设计规范：GB 50605—2010[S]. 北京：中国计划出版社，2010.

[7] 工业和信息化部. 电信客服呼叫中心工程设计规范：YD/T 5163—2009[S]. 北京：北京邮电大学出版社，2009.

[8] 工业和信息化部. 通信中心机房环境条件要求：YD/T 1821—2008[S]. 北京：北京邮电大学出版社，2008.

[9] 信息产业部. 电信设备安装抗震设计规范：YD 5059—20058[S]. 北京：北京邮电大学出版社，2005.

[10] 信息产业部. 有线接入网设备安装工程设计规范：YD/T 5139—2005[S]. 北京：北京邮电大学出版社，2005.

[11] 工业和信息化部. 固定电话交换网工程设计规范：YD 5076—2014[S]. 北京：北京邮电大学出版社，2014.

[12] 工业和信息化部. 光纤配线架：YD/T 778—2011[S]. 北京：人民邮电出版社，2011.

[13] 工业和信息化部. 通信机房用走线架及走线梯：YD/T 2947—2015[S]. 北京：人民邮电出版社，2015.

[14] 信息产业部. 电信机房铁架安装设计标准：YD/T 5026—2005[S]. 北京：北京邮电大学出版社，2005.

[15] 工业和信息化部. 通信局（站）电源系统总技术要求：YD/T 1051—2010[S]. 北京：人民邮电出版社，2010.

[16] 住房和城乡建设部，国家质量监督检验检疫总局. 通信电源设备安装工程设计规范：GB 51194—2016[S]. 北京：中国计划出版社，2016.

[17] 工业和信息化部. 通信局（站）节能设计规范：YD 5184—2009[S]. 北京：北京邮电大学出版社，2009.

[18] 工业和信息化部. 通信系统用室外机柜安装设计规定：YD/T 5186—2010[S]. 北京：北京邮电大学出版社，2010.

[19] 信息产业部. 光缆进线室设计规定：YD 5151—2007[S]. 北京：北京邮电大学出版社，2007.

[20] 信息产业部. 通信局（站）防雷与接地工程设计规范：YD 5098—2005[S]. 北京：北京邮电大学出版社，2005.

[21] 住房和城乡建设部，国家质量监督检验检疫总局. 综合布线工程设计规范：GB 50311—2016[S]. 北京：中国计划出版社，2016.

[22] 住房和城乡建设部，国家质量监督检验检疫总局. 综合布线系统工程验收规范：BG/T 50312—2016[S]. 北京：中国计划出版社，2016.

[23] 住房和城乡建设部，国家质量监督检验检疫总局. 数据中心基础设施工及验收规范：GB 50462—2015[S]. 北京：中国计划出版社，2015.

[24] 工业和信息化部. 通信线路工程设计规范：YD 5102—2010[S]. 北京：北京邮电大学出版社，2010.

[25] 信息产业部. 通信管道与通道工程设计规范：YD 5007—2003[S]. 北京：北京邮电大学出版社，2003.

[26] 建设部，国家质量监督检验检疫总局. 通信管道与通道工程设计规范：GB 50373—2006[S]. 北京：中国计划出版社，2006.

[27] 信息产业部. 通信电缆配线管道图集：YD 5062—1998[S]. 北京：北京邮电大学出版社，1998.

[28] 工业和信息化部. 通信管道横断面图集：YD/T 5162—2017[S]. 北京：人民邮电出版社，2017.

[29] 工业和信息化部. 通信管道人孔和手孔图集：YD 5178—2017 [S]. 北京：人民邮电出版社，2017.

[30] 信息产业部. 架空光（电）缆通信杆路工程设计规范：YD 5148—2007 [S]. 北京：北京邮电大学出版社，2007.

[31] 工业和信息化部. 通信光缆交接箱：YD/T 988—2015 [S]. 北京：人民邮电出版社，2015.

[32] 工业和信息化部. 光缆接头盒　第 1 部分：室外光缆接头盒：YD/T 814.1—2013 [S]. 北京：人民邮电出版社，2013.

[33] 郑芙蓉. 电子工程制图项目教程[M]. 北京：中国铁道出版社，2016.

[34] 谢华. 通信网基础[M]. 2 版. 北京：电子工业出版社，2007.

[35] 管明祥. 通信线路施工与维护[M]. 北京：人民邮电出版社，2014.